Mantenimiento industrial práctico

Eugenio Nieto Vilardell

EDICIONES

Mantenimiento industrial práctico

© Eugenio Nieto Vilardell, 2013

Fidestec Ediciones es una marca propiedad de Eugenio Nieto Vilardell

Todos los derechos reservados.

Dedicado a todas las personas con las que he trabajado, porque de todas he aprendido y he recibido conocimiento. Espero compartir un poco con los demás, para que entre todos podamos seguir moviendo el mundo.

Con un pensamiento especial hacia Demelsa, mi mujer, y Óscar, mi hijo, porque una vez que ya he plantado algún que otro árbol, y tras escribir este libro, aún siento la necesidad de seguir haciendo grandes cosas.

Índice

Una de las cosas que considero más importantes es tener lo que algunos llaman un *proyecto de vida*, que no es más que un croquis del tipo de vida que quieres tener. No suele ser un proyecto escrito en papel y perfectamente redactado, sino un esquema mental con un conjunto de imágenes de los aspectos más importantes para cada uno. Tampoco es algo con lo que uno nace, sino que se va conformando con el paso de los años, y cambia según nuestras circunstancias y las de nuestro entorno. De hecho, casi nadie podría definir cuál es su proyecto de vida, y pocos han pensado siquiera en ello. Sin tener unos objetivos definidos, resulta difícil tomar las decisiones que nos lleven a conseguirlos, así que la mayor parte de acciones durante nuestra vida nos acercan y alejan aleatoriamente de esa situación ideal.

Si es difícil encarrilar nuestra vida hacia un objetivo concreto, más lo es decidir nuestro futuro durante la adolescencia, que es cuando decidimos qué tipos de estudios queremos cursar para desarrollar nuestra vida profesional. Pocos nos sentimos satisfechos al cabo de los años con las opciones escogidas durante esa época de dudas e incertidumbre, y casi todos vamos corrigiendo nuestro rumbo sobre la marcha, en función de lo que vamos aprendiendo y de cómo varía el mercado laboral o nuestras circunstancias personales.

No te preocupes, no estás leyendo un libro de filosofía ni autoayuda. Intentaré explicarte a qué vienen estas reflexiones profundas, aunque para ello necesito ponerme como ejemplo.

A mis doce o trece años, mis padres me preguntaron qué es lo que iba a estudiar al terminar la EGB (o primaria), y en aquel momento no tenía ni idea de lo que quería o podía hacer. Mi hermano, un año mayor que yo, era aprendiz de técnico de reparación de televisores. Él nunca había sido un gran estudiante, y sin embargo resultó que se le daba muy bien ese oficio, y aprendía muy deprisa. Mis padres me propusieron la posibilidad de estudiar electrónica, ya que a mí me interesaba más estudiar que a mi hermano. Por aquel entonces solamente había un par de escuelas donde se podía cursar esta materia, y ambas eran privadas. A mí me interesaba mucho este campo, incluso iba a la biblioteca municipal y devoraba libros de esta temática. Así que decidí aprovechar la oportunidad de estudiar electrónica, en unos tiempos donde la FP era considerada lo fácil para empezar a trabajar pronto, la ESO era todavía un experimento, y el BUP (bachillerato) era para administrativos o futuros universitarios, un tema que desconocía y tampoco me interesaba especialmente.

Así entré en la formación profesional, con todas mis dudas y sin planes de futuro más allá de los exámenes. Me sentía muy bien pensando que iba a ser un "electrónico", y me gustaba ir por la calle con mi mochila llena de libros y mi caja de herramientas. Todo fue muy bien hasta que me di cuenta de que durante tres meses habíamos estudiado las resistencias, durante otros tres los condensadores, otros tantos para las bobinas, y así fui perdiendo la ilusión. Toneladas de teoría, mucho estudiar y escribir, poco tiempo libre para disfrutar de la vida, y pasitos muy cortos para llegar a lo que yo creía que era un técnico, algo así como los científicos chiflados de las películas, con un laboratorio lleno de aparatos y creando cachivaches espectaculares.

Mi desmotivación era cada vez mayor, sobre todo porque estaba obligado a hacer esfuerzos sin saber los objetivos que alcanzaría, era como remar sin ver la meta. Finalmente abandoné los estudios para empezar mi carrera profesional como aprendiz de camarero.

Para no extenderme mucho diré que fui dando bandazos, trabajando en muchos campos distintos, pero mi pasión por los cables y la tecnología iba en aumento, así que empecé a enfocarme de nuevo en este campo. Fui estudiando de forma autodidacta, realizando los cursos que mi tiempo y economía me permitían, y así volví a ejercer como técnico, en diversas variantes: mantenimiento en una discoteca, microinformática, electricidad de viviendas, electrónica, mantenimiento industrial, reparación de electrodomésticos, etc.

He aprendido mucho durante estos años, y cada vez soy más consciente de lo mucho que me queda por aprender. Estoy seguro que si hubiese querido llegar a donde estoy cuando tuve que decidir por primera vez, todo hubiera sido distinto. Hubiese elegido con decisión, manteniendo la motivación de saber cuál era mi meta, y habría ahorrado mucho tiempo y esfuerzos, manteniendo el enfoque y aprovechando mejor el tiempo, aunque también cabe la posibilidad de que no tuviese los recursos que me ha dado el navegar por distintas aguas.

Sé de muchas personas que han tenido una trayectoria comparable a la mía, así que he mirado de forma más crítica a la sociedad que te obliga a decidir cuando no estás preparado y, lo que es peor, te dificulta corregir el rumbo si cambias de objetivos. La formación no reglada está muy poco valorada. En tu currículo no destacan los cursillos no oficiales, ni los libros que has leído, ni los blogs que sigues, ni lo que has experimentado por tu cuenta, ni las horas que has pasado documentándote sobre algún tema que despierte tu curiosidad. Vivimos en la era de la información, pero solo valoramos lo que aprendemos de la misma forma que hace doscientos años, con un profesor disparando datos que debemos procesar para completar un examen, aunque los olvides después de obtener tu título oficial.

Después de aguantar esta historia te mereces saber el porqué de mi charla. Decidí escribir este libro con la esperanza de ayudar a personas que, como yo, quisieran o necesitasen cambiar el rumbo de su carrera profesional sin tener que volver a empezar desde cero. La idea es que, tanto si eres un estudiante y acabas de terminar tus estudios, como si llevas años en el mercado laboral, te acerques al mantenimiento industrial con más confianza, sabiendo un poco lo que te vas a encontrar, y con las nociones básicas que te permitan ampliar conocimientos concretos según vayas necesitándolos. No soy un gran experto, no dudo que haya gente con mucho más talento y experiencia que yo. Sin embargo, al haberme movido por empresas y oficios muy distintos, tengo una visión más abierta y puedo ser una ventana que te ayude a ver la realidad de este campo.

He intentado evitar los temas de los que se habla generalmente en otros libros o artículos dedicados al mantenimiento, donde creo que se dedica mucho tiempo a conceptos muy abstractos que ayudan a la directiva de una empresa, pero que no forman parte del día a día de tu trabajo. Considero más urgente adquirir los conocimientos que te serán útiles en más de una ocasión. Además, no quiero convertirme en un pistolero de datos que debes memorizar, para recitarlos y parecer el listo de la clase.

Pretendo que el lenguaje utilizado no sea nada complejo. De hecho, intento evitar las palabras rebuscadas, porque no me interesa parecer culto, prefiero que entiendas lo que intento expresar.

No puedo enseñarte aquí todo lo que deberías haber aprendido en una escuela de formación profesional, así que si no tienes los conocimientos teóricos básicos, seguramente tendrás que buscar ayuda estudiando o leyendo sobre ellos. Tampoco quiero profundizar demasiado en cada tema, porque es muy fácil conseguir información especializada y concreta sobre un asunto particular. Mi objetivo es que tengas una base amplia sobre la que construir, con los cimientos formados por tus conocimientos y experiencia previos. Por supuesto, tu formación no debe terminar nunca, te encontrarás retos y situaciones nuevas que te obligarán a indagar y consultar información para afrontarlos. Con una base sólida, irás dando pasos que te hagan mejorar profesionalmente.

Espero que al terminar de leer este libro, te sientas preparado para entrar de lleno en el mundo del mantenimiento industrial, y recuerda que no hay mejor herramienta que el conocimiento.

Seguramente recuerdes muchos de los conceptos aprendidos durante tu infancia en la escuela, estudios secundarios, en el trabajo, etc. Algunos los has retenido porque te han llamado la atención, o simplemente porque has necesitado aplicarlos en algún caso práctico. Seguramente estarás de acuerdo conmigo en que has olvidado más cosas de las que recuerdas.

Vamos a repasar algunos conceptos que será necesario tener frescos para asimilar más fácilmente lo que iremos viendo en siguientes capítulos. Si está un poco verde en electricidad, te recomiendo que intentes formarte mejor, porque la electricidad tiene una particularidad evidente: no puede verse. Así que si no entiendes bien su comportamiento, difícilmente puedas seguir su camino y deducir cómo actúa. Repasaremos los principios básicos, de forma rápida y breve, para no cansarte. Si no entiendes bien algún concepto concreto, te recomiendo que busques otra forma de explicarlo, con vídeos online, por ejemplo. A mí me ayuda mucho ver lo mismo explicado de formas distintas, porque lo comprendo mejor y lo recuerdo más fácilmente.

Te recomiendo que si no entiendes alguno de los conceptos te detengas y te documentes si es necesario hasta haberlo comprendido y asimilado. Son básicos para entender el resto del libro, así que no tienes excusa para pasar de largo.

(a) El átomo

Comenzaremos por la esencia de todo, el átomo. Es la partícula más básica de la materia. De él dependen la mayoría de propiedades de un material: composición, dureza, peso, resistencia eléctrica, etc. Casi todos los problemas complejos se resuelven dividiéndolos en problemas más simples, así que pensar en la materia como un conjunto de átomos nos ayuda a asimilar mejor otros conceptos más complejos.

Seguramente conoces bastante sobre los átomos, como su forma o sus componentes, así que haremos un repaso breve.

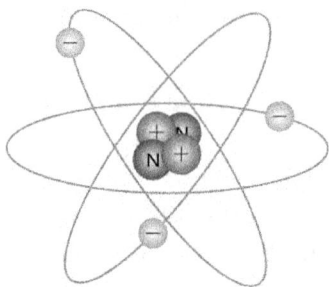

Fig. 1. Representación de un átomo

El átomo consta de tres elementos básicos (también llamadas partículas subatómicas):

- El *neutrón* (N), que no tiene carga eléctrica y no afecta al comportamiento del elemento, aunque sí a sus características físicas, puesto que se trata de materia con masa y volumen.
- El *protón* (+), con carga eléctrica positiva, forma el núcleo junto al neutrón.
- El *electrón* (-) tiene carga eléctrica negativa y orbita alrededor del núcleo.

Los electrones neutralizan la carga de los protones, así que a igual cantidad de protones y neutrones, el átomo en su conjunto no tiene carga. Sin embargo, si hay un desequilibrio, el átomo tendrá carga, con el signo según el mayor número de partículas de un tipo. Así, en el caso de un átomo con un electrón de menos, la carga será positiva, y viceversa.

La atracción entre electrones y protones es muy grande. Los electrones orbitan en distintas capas. A su vez, los átomos se combinan entre si formando estructuras complejas, pudiendo adquirir formas muy variadas. Por ejemplo, el carbono puro puede tener distintas propiedades según la estructura en la que se combinen sus átomos, como el diamante, el grafito, el grafeno, o la lonsdaleíta. Todos son carbono puro, pero en un caso los átomos forman estructuras sólidas y en otros son más débiles. Además, sus diferencias son grandes, por ejemplo el diamante es muy duro y no conduce la electricidad, mientras que el grafito es un buen conductor y se rompe con facilidad.

(b) Materiales conductores

Los electrones puedes desplazarse de un átomo a otro. Si un átomo tiene un electrón menos, tendrá carga positiva, atrayendo a los electrones de los átomos vecinos. Debido a la velocidad de los electrones y a la atracción de otros átomos con carga positiva, el electrón puede salir de su órbita y entrar en la del átomo vecino. Hay situaciones en las que un átomo tiene mayor facilidad para atraer o perder electrones. En este caso, consideraremos a este material como buen *conductor* eléctrico. Por el contrario, algunos materiales tienen uniones internas tan fuertes que no permiten el intercambio de electrones. En este caso hablamos de *materiales aislantes*.

(c) Corriente eléctrica

En el caso de una pila o una batería (fig. 2), un polo está cargado de electrones, y el otro tiene carencia de ellos, así que su atracción es muy fuerte. Un material aislante (línea azul) separa ambos polos. Al no haber un material conductor que los comunique, los electrones no puedes llegar a los átomos positivos. En cuanto conectamos el polo negativo al positivo mediante algún material conductor (hilo amarillo), el polo positivo atraerá a los electrones más cercanos del conductor. Los átomos del conductor que pierdan electrones se volverán positivos, atrayendo a los electrones de los átomos contiguos, y así hasta que todo el conductor esté recogiendo electrones del polo negativo y entregándolos al positivo.

A este movimiento de electrones le llamamos *corriente eléctrica*, porque hay un flujo constante de electrones. La corriente realiza un recorrido al que llamamos *circuito eléctrico*. Para que exista una corriente eléctrica el camino entre el polo negativo y positivo de la pila debe estar comunicado, debe existir un *circuito cerrado*. Si el circuito se interrumpe separando el conductor, se detendrá el flujo de electrones. A esto se llama *circuito abierto*.

Cuando los átomos del polo negativo hayan perdido los electrones que les sobran y tengan una carga neutra, y a su vez los átomos del polo positivo hayan recuperado los que les faltaban, dejará de existir atracción por lo que la corriente se detendrá, y diremos entonces que la pila está agotada. En el caso de las baterías, aplicando una carga eléctrica podemos volver a forzar a los electrones a volver al polo negativo, recargando así la batería y recuperando el desequilibro entre los polos.

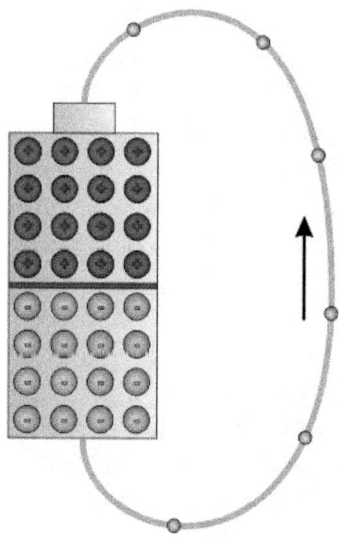

Fig. 2. Pila y corriente eléctrica

Como la electricidad es invisible, es un poco complicado imaginar todo este proceso, así que a menudo se utiliza el agua como explicación algo más visual. Imagina que el espacio vacío está lleno de átomos, y que cada gota de agua es un electrón. Así, cuando se desplaza una masa de agua, es como si las gotas fuesen desplazándose de un hueco del espacio vacío a otro. Para entenderlo mejor puedes imaginar una montaña de arena. Si vas quitando granitos (electrones) el peso hará que los granitos de encima caigan a ese hueco, rellenándose el espacio.

Todos comprendemos lo que es un depósito de agua, un grifo, una tubería, etc. Vamos a ver el ejemplo de la pila utilizando una corriente de agua (fig. 3). Tenemos un depósito dividido en dos partes aisladas. Una de ellas está llena de agua, y la otra vacía. En el momento que conectamos un tubo que deje pasar el agua de un lado al otro, se producirá una corriente de agua que durará hasta igualarse la altura de las dos partes del depósito. En este caso, la fuerza que genera el movimiento es la gravedad que empuja al agua a bajar por su propio peso. En el caso de la electricidad la fuerza aplicada es la atracción entre protones y electrones.

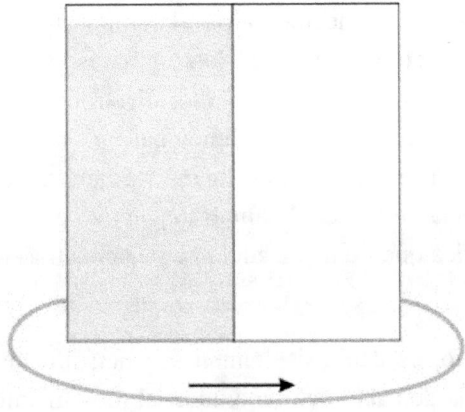

Fig. 3. Corriente de agua

(d) Electromagnetismo

Un imán es un objeto fabricado con un material altamente magnético. Cada imán tiene dos polos opuestos, a los que se denomina polo norte y polo sur. Si rompemos un imán en dos partes, cada una de ellas tendrá sus propios polos norte y sur. Al acercar dos imanes, sus polos iguales se repelen, mientras que los opuestos se atraen, es decir que si los aproximamos por sus polos norte, éstos intentarán alejarse, y en el caso de acercarlos uno por el polo norte y otro por el sur, se atraerán hasta unirse. Todos los elementos tienen propiedades magnéticas, solo es necesario que tengan masa, y si tienen átomos tienen masa.

Imagina el circuito de la pila, con los electrones circulando del polo negativo al positivo. Si acercamos un imán, los electrones se verán atraídos o repelidos por él. Si enrollamos el cable a través de un material magnético, los electrones se verán afectados mucho más por el campo magnético, porque se mantendrán dentro de él. Así que cuanto más enrollemos el cable, mayor será el efecto sobre los electrones.

Ahora imagina que no circula corriente. Si movemos el campo magnético, crearemos un desequilibrio que moverá también los electrones, como si mueves un cubo con agua. En cuanto el campo magnético se quede quieto, los electrones se detendrán. Si hacemos girar el campo magnético, crearemos un movimiento de los electrones hacia adelante y hacia atrás. Cuanto mayor sea el campo magnético, más recorrido harán los electrones en cada sentido. Pues bien, acabamos de explicar cómo funciona un *generador eléctrico*. Si hacemos girar una turbina con un imán a gran velocidad, y alrededor montamos una bobina de cable, el campo magnético en movimiento generará una corriente eléctrica que irá hacia adelante y hacia atrás, sincronizada con la posición del imán.

En el caso contrario, es decir si el imán se encuentra quieto, y aplicamos corriente a la bobina de cable del generador, el movimiento de los electrones generará un campo magnético que atraerá o repelerá al imán, de modo que éste se desplazará. Si sincronizamos los movimientos de la corriente, podemos hacer girar el generador de forma continua, convirtiéndose en un *motor*.

Así que básicamente, un generador y un motor son lo mismo, solamente varía el uso que se le da. En el caso de convertir el movimiento en corriente eléctrica funcionará como generador, y en el caso contrario lo hará como motor.

(e)   Corriente continua y corriente alterna

Hemos visto que el ejemplo de la pila corresponde a una *corriente continua*, en la que los electrones se mueven en un solo sentido. En el caso del generador, la corriente varía su polaridad continuamente al invertirse el sentido en el que se desplazan los electrones. Esta corriente se conoce como *corriente alterna*.

Para entenderlo mejor, voy a poner un ejemplo sencillo. Si un coche circula con el tubo de escape rozando el suelo, este se calentará por el rozamiento, y soltará chispas. La energía se aplica de forma continua. En el caso de querer encender un fuego frotando un palo, aplicamos energía en movimientos alternativos, pero al final conseguimos el mismo efecto, la madera se calienta generando chispas, y al final conseguiremos encender un fuego. En el primer caso aplicamos energía de forma continua y en el segundo de forma alterna.

Como ves, en los dos casos estamos desplazando los electrones, por lo que transmitimos energía a través del cable, así que la podemos aprovechar igualmente. Además, en unos casos nos será más fácil manejar o generar una u otra. Por ejemplo, en un coche o un teléfono móvil tenemos energía almacenada en la batería, en forma de corriente continua. Sin embargo, en un molino de aire o de agua, es más fácil conectar las aspas al eje de un generador y conseguir corriente alterna.

Veremos que cada tipo de corriente tiene sus ventajas e inconvenientes, así que en la práctica encontramos las dos trabajando conjuntamente. Por ejemplo, en una vivienda tenemos la red eléctrica con corriente alterna, mientras que los equipos electrónicos como el ordenador funcionan internamente con corriente continua. El ordenador, como la mayoría de equipos electrónicos, tiene una fuente de alimentación que se encarga de convertir la corriente alterna en continua, además de adaptar su tensión.

(f) Resistividad

Hemos hablado de conductores y aislantes, pero la realidad es que no existe un conductor ni un aislante perfecto. Para que el electrón cambie de átomo es necesario aplicar una fuerza, así que consideramos que un material es un buen conductor cuando se establece una corriente aplicando poca fuerza, y que es un buen aislante cuando es necesario aplicar mucha. La oposición que presenta un material al paso de la corriente eléctrica se denomina *resistividad*.

Por ejemplo, consideramos que el aire es un buen aislante, pero durante una tormenta podemos ver rayos que recorren varios kilómetros a través del aire. Este es un ejemplo de corriente eléctrica, que surge gracias a la aplicación de una gran cantidad de energía, capaz de provocar el desplazamiento de los electrones entre los átomos del aire.

La resistividad se representa con la letra griega ρ (rho minúscula), y se mide en $\Omega \cdot m$ (ohmios por metro).

Si necesitas memorizar la resistividad exacta de cada material, es suficiente consultar alguna tabla de resistividad de los materiales, de las que abundan en Internet.

(g) Resistencia eléctrica

En la práctica la resistividad no tiene mucho sentido práctico, más allá de la elección de los materiales para fabricar determinados productos. Lo que realmente nos interesa conocer y medir es la *resistencia eléctrica*, que no es más que la oposición al paso de la corriente de un objeto o circuito. Dicho objeto tendrá una resistencia determinada en función de la resistividad del material del que esté formado, además de su geometría. Cuanto más grueso y corto, menor resistencia, y cuanto más delgado y largo, mayor resistencia.

Vamos a intentar no confundir resistividad con resistencia. Lo explico con un ejemplo: un cable de cobre con 1mm de diámetro tiene mayor resistencia al paso de la corriente que otro de 10mm. Sin embargo, el material tiene siempre la misma resistividad. Un cable de 1mm de cobre tiene menor resistencia que otro cable de hierro del mismo diámetro, porque el hierro tiene una resistividad mayor que el cobre. Así pues, recordaremos que:

- La *resistividad* es la oposición que ofrece un material determinado al paso de la corriente eléctrica, siendo una propiedad fija del material.

- La *resistencia* es la oposición de un elemento físico al paso de la corriente eléctrica, dependiendo de varios factores como la resistividad del material, su longitud y su sección.

La resistencia eléctrica de un material se puede medir. Los aparatos utilizados son los óhmetros, se abrevia con la letra R y su unidad de medida es el *ohmio*, representado con la letra omega Ω. El nombre lo recibe de Georg Simon Ohm.

(h) Conductividad

Es necesario conocer el concepto de la *conductividad*. Simplemente se trata de la inversa de la resistividad, por lo que podemos definirla como la capacidad de un material para dejar pasar la corriente eléctrica a través suyo. Es simplemente otra forma de llamar al mismo fenómeno, igual que frío y calor. En algunas aplicaciones resulta más práctico hablar de conductividad y no de resistividad, por lo que es conveniente recordar su significado.

La conductividad eléctrica se representa con la letra griega σ (sigma minúscula), y se mide en S/m (siemens por metro).

$$\sigma = 1/\rho \quad y \quad \rho = 1/\sigma$$

(i) Tensión o diferencia de potencial

Denominamos tensión a la *diferencia de potencial* o fuerza que se aplica para generar una corriente eléctrica. Digamos que es como la tensión de una cuerda cuando tiramos para generar un movimiento. En el ejemplo de la pila, es la diferencia de carga entre el polo positivo y el negativo. Cuanto mayor sea la tensión, con más fuerza atraerá a los electrones. En el ejemplo del depósito de agua, la tensión será la diferencia de altura entre las dos partes, comparable a la presión, que también es proporcional a la altura. Así, cuando está circulando la corriente en los dos casos, a medida que pasa el tiempo la tensión disminuye, porque las cargas se van equilibrando, hasta que se detiene la corriente, entonces deja de haber tensión, al quedar en equilibrio.

La tensión se representa mediante la letra V, se mide en voltios, con el símbolo V. El nombre lo recibe de Alessandro Volta.

La *intensidad* es otra magnitud de la corriente eléctrica. A veces se confunde con la tensión, pero vamos a intentar aclarar las diferencias.

En el caso de la pila, si aplicamos un conductor más grueso, tendremos más cantidad de átomos intercambiando electrones, por lo que la corriente será mayor, desplazándose más electrones a la vez. En el caso del agua, el equivalente sería el caudal, que aumentaría al utilizar una tubería más ancha.

Diremos, para evitar confusiones, que la tensión es la fuerza que aplicamos para generar la corriente, mientras que la intensidad es la cantidad de corriente que recorre un conductor.

La intensidad se representa con la letra I y se mide en amperios, con la letra A. Recibe el nombre de André-Marie Ampère.

La intensidad, la tensión y la resistencia están muy relacionadas, hasta el punto de ser proporcionales. Por ejemplo, puedes aumentar la corriente eléctrica usando un material de menor resistencia, más grueso, o utilizando una pila de mayor tensión. Esta relación proporcional la definió Georg Simon Ohm (1789-1854), con su famosa ley de Ohm, que es un conjunto de fórmulas esenciales para cualquier electricista o electrónico:

$$V = I \cdot R \qquad R = V/I \qquad I = V/R$$

V = Tensión en V

R = Resistencia en Ω

I = Intensidad en A

Estas fórmulas son muy fáciles de recordar usando el gráfico nemotécnico de la fig. 4. Tapando la V, I y R quedan al mismo nivel, por lo que se multiplican; tapando I, V queda sobre R, como en una fracción, por lo que se dividen, e igual para la R.

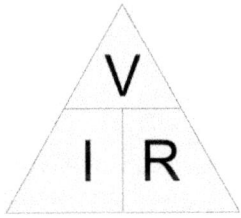

Fig. 4. Ley de Ohm

(l) Potencia

La *potencia* es la energía de la electricidad. Por ejemplo, en los cables de alta tensión que vemos por las ciudades o los campos, se utilizan miles de voltios y unos pocos amperios, porque la alta tensión genera menos pérdidas en su transporte, y los cables pueden ser más delgados, siendo más fácil y económica su instalación. Sin embargo, a las viviendas o industrias llega una tensión de entre 110 y 400V, dependiendo del país y sus estándares. La conversión entre un tipo de tensión y otra se realiza mediante transformadores. Aunque las tensiones e intensidades sean distintas, la potencia es la misma, por lo que dichas magnitudes son proporcionales, así que **P=V·I**. La potencia eléctrica es el producto entre la tensión y la intensidad. Se representa mediante la letra P, su unidad de medida es el vatio, representado con la letra W, en referencia a James Watt.

(m) Frecuencia

En corriente alterna, los electrones cambian el sentido del desplazamiento. La velocidad a la que cambian de sentido es muy importante. Muchas propiedades físicas varían en función de esta velocidad, a la que llamamos *frecuencia*. La frecuencia la medimos en hercios (Hz), por Heinrich Rudolf Hertz, y su valor corresponde a las veces que los electrones toman el mismo sentido durante un segundo. Por ejemplo, si los electrones han ido y vuelto treinta veces durante un segundo, la corriente tendrá una frecuencia de 30Hz.

En Europa, la frecuencia de la red eléctrica es de 50Hz. En Estados Unidos es de 60Hz.

(n) Aplicación de los conceptos explicados

Vamos a poner un ejemplo que reúna los conceptos explicados, para que termines de entenderlo todo y te sea más fácil recordarlo.

En la fig. 5 aparecen esquemáticamente un generador a la izquierda y un motor a la derecha. Como puedes ver, son idénticos.

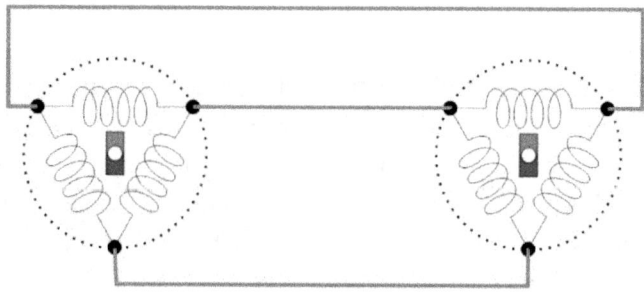

Fig. 5. Generador y motor interconectados.

Si hacemos girar el eje del generador, el imán girará con él, desplazando el campo magnético en círculos. El generador tiene tres bobinas. Cuando una bobina pasa de tener delante el polo norte del imán a tener el polo sur, los electrones de la bobina se desplazan en sentido contrario, y cuando el polo norte vuelve a estar enfrente, los electrones cambian de nuevo. Los electrones de cada bobina circularán hacia el motor, pasando a través de la bobina de éste. Cuando cambien el sentido en el generador, también lo harán en el motor. El resultado es que el movimiento del imán del generador crea una corriente eléctrica que va y viene, y en el motor esa corriente eléctrica se transforma en energía electromagnética que hace moverse al imán, así que el giro del eje del generador hace girar el eje del motor.

Ahora tenemos un circuito eléctrico cerrado, porque el generador y el motor están conectados, y los electrones pueden circular libremente. Cuanto más vueltas tenga cada bobina, mayor será la tensión, porque los electrones pasarán más veces a través del campo magnético y adquirirán mayor energía para moverse. Cuanto más grueso sea el cable, menor será su resistencia, y cuanto mejor conductor sea el material, menor será su resistividad. Además, al ser más grueso permitirá que lo atraviesen más electrones a la vez, así que también será mayor la intensidad que circule.

La frecuencia será proporcional a la velocidad de giro del generador, es decir que si gira a 3000RPM (revoluciones por minuto), serán 50 vueltas por segundo, o sea 50Hz. El motor girará a la misma velocidad.

(o) Forma de onda

En el ejemplo de la pila, al ser corriente continua, la tensión es estable, hasta que la pila empieza a agotarse, entonces irá cayendo muy despacio hasta llegar a cero. En corriente alterna, esto es totalmente distinto.

Si medimos la tensión en cada bobina de la fig. 5, veremos que la tensión sube y baja muy deprisa. Esto se puede representar gráficamente.

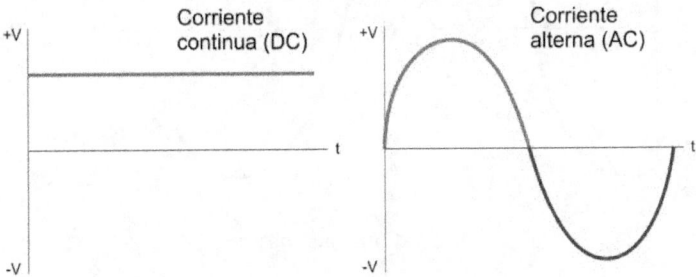

Fig. 6. Representación gráfica de la tensión a lo largo del tiempo

Imagina el imán del generador girando a cámara lenta. Cuando el imán se encuentra con un polo de frente a la bobina, los electrones reciben toda la fuerza del campo magnético, así que son empujados hacia arriba. Conforme el imán se va girando, desaparece el campo magnético, por lo que los electrones vuelven a su sitio, desapareciendo la tensión. Entonces aparece el polo contrario, que hace que los electrones sean empujados hacia abajo. Poco después el imán se cruza dejando de actuar contra los electrones, y volviendo al punto de inicio.

Acabamos de describir lo que se conoce como *período* o *ciclo*, que es el estado por el que pasa la corriente antes de volver a repetirse. Este ciclo se puede representar gráficamente como en la fig. 6, con un eje vertical que indica la tensión y su sentido, y un eje horizontal que representa el tiempo. Puedes ver que en la corriente continua la tensión es la misma a lo largo del tiempo, por eso aparece una línea recta. En el caso de la corriente alterna, la línea tiene forma *sinusoidal*.

(p) Corriente monofásica y corriente trifásica

Vemos en la fig. 5 que tenemos tres bobinas y tres cables uniendo el generador al motor. Este tipo de circuito se conoce como trifásico, porque se generan tres corrientes desfasadas entre sí.

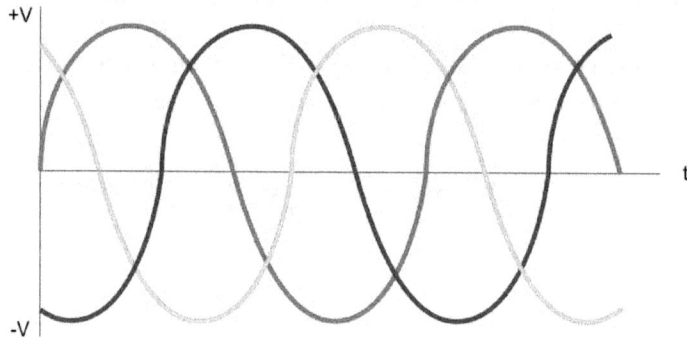

Fig. 7. Corriente trifásica

En la fig. 7 aparece representada la *corriente trifásica*. Cada color corresponde a la corriente de un conductor, retrasada 60° respecto a la anterior. Esto sucede porque el imán pasa por delante de cada bobina de forma secuencial cada 60°, y cuando ha girado 180°, ya está de nuevo frente a la primera.

24

En los circuitos trifásicos se puede encontrar otro conductor conocido como *neutro*, que no tiene potencial, y se utiliza como retorno de la corriente cuando solamente se conecta una fase,

La corriente monofásica sería igual que la corriente alterna de la fig. 6.

(q) Conexión en estrella o triángulo

Dependiendo de cómo se conecten los cables al generador, la corriente se obtendrá de formas distintas. Las dos posibles formas de conectar el generador son la configuración en estrella y en triángulo. La forma más fácil de verlo es con el dibujo de la fig. 8.

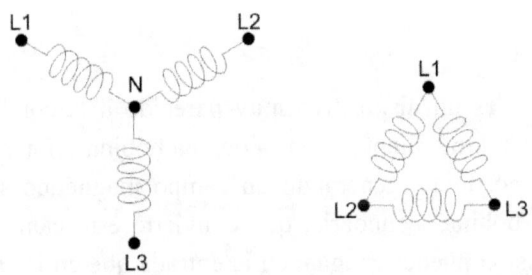

Fig. 8. Configuración estrella y triángulo

Las tres bobinas son las mismas, pero se pueden conectar de dos formas distintas. En el caso de la izquierda se trata de una configuración en estrella, donde un extremo de cada bobina se une a un punto común que corresponde al polo neutro, y los otros tres extremos corresponden a las tres fases. En la figura de la derecha, se trata de una configuración en triángulo, donde los extremos se unen entre sí, quedando tres fases, sin polo neutro.

Vamos a ver las diferencias. Supongamos que cada bobina genera una tensión de 230V. En el caso de la configuración en estrella, entre cada fase y el neutro, tendremos 230V. Sin embargo, entre dos fases, las tensiones se suman geométricamente, es decir que no se sumarían ~~230+230=460~~, sino que se sumarían los valores de sus ondas. Imagina, viendo la fig. 7, que mides entre las fases roja y verde. Debes trazar una línea vertical en cualquier punto, y medir la distancia entre ambas líneas, y verás que el valor es inferior a la suma de ambas. El valor de esta suma es de unos 400V. Por lo tanto, en una configuración en estrella, tenemos tres fases y un neutro, con tensiones fase-fase de 400V y fase-neutro de 230V.

En el caso del triángulo, solo podemos medir entre fase y fase, porque no existe el neutro, así que las tensiones fase-fase son de 230V.

Se debe conocer bien el funcionamiento de estos dos sistemas, puesto que son útiles en la práctica, sobre todo al trabajar con motores trifásicos y transformadores.

(r) Transformadores

Un transformador es un dispositivo muy parecido a la combinación motor-generador, pero sin movimiento. Consta de una bobina primaria, por la que se hace circular la corriente, generando un campo magnético sobre un núcleo metálico, y una bobina secundaria, que convierte este campo magnético en corriente. La tensión puede ser igual en la entrada que en la salida, o distinta, dependiendo de la cantidad de vueltas que dé cada conductor alrededor del núcleo. Los valores de la tensión serán proporcionales al número de espiras de cada bobinado. Por ejemplo, si la bobina primaria tiene el doble de espiras que la secundaria, la tensión a la salida será la mitad que a la entrada.

La potencia de los dos bobinados es similar, aunque a la salida siempre será algo menor, dependiendo de las pérdidas que ocasiona la conversión, al disiparse parte de la energía en forma de calor y ondas electromagnéticas.

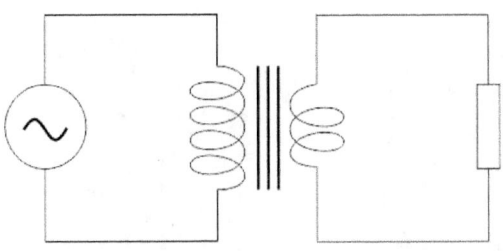

Fig. 9. Transformador

Si aplicamos una tensión de 240V a la entrada, y el transformador tiene una relación de espiras de 10:1, es decir diez veces más de espiras en el primario que en el secundario, la tensión de salida será también la décima parte, es decir 240/10=24V. Además, si conectamos una carga de 10W a la salida, la potencia a la entrada será de 10W más las pérdidas del transformador. Supongamos que el transformador pierde 1W. El circuito consumirá la potencia de la carga más la del transformador: 10+1=11W. Por lo tanto, la corriente que circulará por el primario será de 11W/230V=0,048A o 48mA. La intensidad a la salida será de 10W/24V=0,417A, o 417mA. Al ser la corriente menor a la entrada que a la salida, el hilo con el que se fabrica la bobina primaria puede ser más delgado que el de la secundaria.

Debemos tener en cuenta la potencia máxima del transformador, porque si aplicamos una carga mayor de la permitida por el fabricante, la corriente excesiva dañará los bobinados.

El ejemplo del transformador nos demuestra por qué la red eléctrica distribuye la corriente en alta tensión. Para alta tensión, con la misma potencia, el cable utilizado es mucho más delgado, con lo que se ahorra una gran cantidad de material tanto en los cables como en los postes y conducciones. Sería inimaginable hacer una instalación en una ciudad a baja tensión, porque los cables deberían ser tan gruesos que no sería posible manipularlos.

Encontramos transformadores en casi cualquier parte. Desde los de alta tensión para la distribución eléctrica, en el interior de los electrodomésticos, incluso en los cargadores para teléfonos móviles.

Transformadores de alta tensión refrigerado por aceite (izqda.), de alta tensión refrigerado por aire (centro) y de electrodoméstico (dcha.)

Los transformadores pueden ser monofásicos o trifásicos, al igual que los motores y generadores, y también se pueden conectar en estrella y triángulo.

Como ya hemos dicho, la electricidad no se ve, por lo que es muy importante poder analizar su comportamiento. En los circuitos más sencillos sería suficiente con representar cada elemento en nuestra mente, pero para sistemas más complejos, es necesario plasmarlo por escrito. Para facilitar el intercambio de información entre quien diseña el circuito y quien debe conocer su funcionamiento posteriormente, se han convenido una serie de símbolos estandarizados para poder representar cualquier circuito eléctrico. Hasta hace unos años, podíamos encontrarnos esquemas con distintos símbolos para representar lo mismo, dependiendo del fabricante. Aún hoy quedan máquinas de cierta antigüedad con esta simbología obsoleta. La norma vigente actualmente en España es la UNE-EN 60617.

En el apéndice encontrarás una lista con los componentes más utilizados, así que por ahora solamente vamos a explicar los más básicos, para entender cómo se realiza y se lee un esquema.

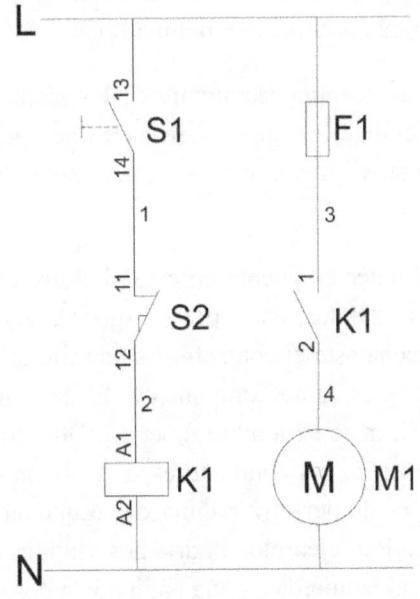

Fig. 10. Ejemplo de esquema eléctrico

En la fig. 9 podemos observar un esquema eléctrico bastante simple. Las líneas representan conductores. La línea horizontal superior representa el conductor de fase (L), mientras que la inferior representa al conductor neutro (N).

La primera línea vertical lleva la corriente desde la fase hasta el interruptor S1, que se acciona manualmente, dejando pasar la corriente cuando está cerrado hasta el interruptor de final de carrera S2. Mientras S1 y S2 permanezcan cerrados, llegará corriente hasta la bobina del contactor K1, que cerrará el contacto marcado como K1 en la línea vertical de la derecha. Si el fusible F1 no está fundido, la corriente pasará a través suyo, después a través del contacto de K1, llegando hasta el motor. Tanto en el caso de la bobina de K1 como del motor M1, la corriente vuelve hacia el polo neutro, para cerrar el circuito. Si el motor desplaza un elemento hasta abrir el interruptor de final de carrera, se interrumpirá el circuito de la bobina del contactor, abriéndose el contacto y cortando la corriente al motor, quedando la máquina detenida. También podríamos parar el motor manualmente desde el interruptor S1. Si el final de carrera está abierto, el interruptor S1 no hará que arranque el motor, puesto que nunca llegará corriente a la bobina K1.

Ahora no importa que no entiendas alguno de los símbolos. Siempre puedes consultarlos en el apéndice. Lo que interesa es que entiendas bien como se representan los elementos y sus conexiones, para entender el funcionamiento del circuito.

Hay varios detalles a tener en cuenta en este circuito. El primero es que K1 aparece en dos partes distintas, en la parte izquierda encontramos la bobina, mientras que a la derecha está el contacto. Es una forma eficaz de separar los distintos elementos de un mismo componente. El dato que nos confirma que se trata de la misma pieza es el nombre repetido. Otro concepto que debemos tener claro es el nombre de los conductores. L y N son dos conductores que estarán conectados a cualquier otra página del esquema donde encontremos estas letras repetidas. Por ejemplo, podríamos dividir el esquema en dos, dejando la rama vertical izquierda en una página y la derecha en otra. Si en las dos páginas apareciesen los conductores marcados como L y N, sabríamos que se trata de los mismos. Así, podemos resumir con estos dos ejemplos, que cada elemento recibe un nombre único. Cuando este nombre se repita, entenderemos que se trata del mismo elemento físico. Del mismo modo, no pueden representarse dos elementos distintos con un mismo nombre en el mismo esquemario, aunque esté en otra página.

También comentaremos que cada tipo de componente se representa con una letra. Por ejemplo S corresponde a aparatos mecánicos de conexión, K a relés y contactores, M a motores, etc.

Los números que aparecen junto a los componentes indican el terminal al que están conectados. Por ejemplo, en el caso del contactor, podemos tener contactos marcados como 1-2, 3-4, 5-6, y con esta referencia podemos diferenciarlos con claridad.

En algunos esquemas se numeran todos los conductores, y así podemos seguir los hilos dentro del cuadro eléctrico. En el ejemplo, vemos que el hilo que conecta S1 con S2 se ha marcado con el 1. En la máquina, dicho cable debería tener una etiqueta con el número 1 en cada extremo. El cable conectado al terminal A2 del contactor, debería tener la etiqueta N, puesto que está conectado directamente al neutro. Si, por ejemplo, en la línea horizontal superior (L) hubiese intercalado un fusible, deberíamos cambiar el nombre de uno de los dos hilos, puesto que no se trataría de la misma conexión. Podríamos llamar al de la derecha L1, por ejemplo.

Vamos a hacer referencia a los esquemas unifilares, que son los que se utilizan principalmente en viviendas. Los símbolos son distintos, y no se representan todos los hilos, sino que una línea representa a todos los conductores, y en algunos casos se dibujan cruzándola tantos trazos en diagonal como hilos pasen por ese punto.

Con esta información básica ya puedes entender los ejemplos que iremos poniendo en los siguientes capítulos. De todos modos, te recomiendo que veas algunos esquemas reales para que comprendas mejor todo lo explicado, y en caso de que tengas dudas puedas resolverlas ahora, antes de encontrarte cara a cara con una avería real. Es muy fácil conseguir esquemas de todo tipo en internet. Aquí no los reproduciremos para respetar la propiedad intelectual de sus autores.

En un circuito típico encontramos dispositivos de varios tipos. Los podemos clasificar según su función principal, en varios grandes grupos. Vamos a ver los más habituales de forma muy breve. La idea es que los conozcas todos, y después amplíes la información según te los vayas encontrando. De nuevo recuerdo que es muy fácil encontrar información en la red, así como catálogos de fabricantes y hojas técnicas.

(a) Elementos de protección

En la operación normal de cualquier máquina, existen casos en los que se genera un riesgo para el propio equipo, para la persona que lo maneja, o para otro elemento conectado o próximo. Para prevenir estos imprevistos, o minimizar sus efectos, se utilizan los elementos de protección. Vamos a ver los principales elementos de protección eléctrica:

Protección contra sobreintensidades

La corriente eléctrica disipa parte de la energía en forma de calor y campos magnéticos. Esto es debido a las fuerzas y rozamientos que se producen por el movimiento de los electrones. En el caso de que estas energías disipadas sean muy altas, el componente puede sufrir un aumento de temperatura tan grande que provoque su fusión o estallido. También puede darse el caso de que, aunque no exista riesgo de daños, queramos limitar el consumo de una instalación o parte de ella. En un circuito eléctrico, se deben aplicar siempre las medidas de seguridad oportunas para evitar que la corriente provoque daños a las personas o a las cosas.

Para ahorrar costes y espacio en las instalaciones, suele buscarse la forma de utilizar los materiales más pequeños posibles. Como vimos anteriormente, cuanto menor sea el grosor de un material, mayor será su resistencia y menor la corriente que puede atravesarlo. Por eso es necesario usar el conductor más delgado posible, pero que sea suficiente para soportar la intensidad que debe recorrerlo. De este modo, las instalaciones suelen tener una estructura de árbol, en la que los circuitos se van ramificando, y cada ramificación lleva a conductores cada vez más delgados, al tener cada extremo menores cargas conectadas. Lógicamente, si queremos evitar que una sobrecarga dañe la instalación, debemos limitar la corriente de cada ramificación, según su grosor y las cargas que esté destinada a alimentar. Según los riesgos que queramos proteger y el tipo de receptores que tengamos conectados, utilizaremos un sistema u otro.

Hablamos de *sobreintensidad* cuando la corriente que atraviesa un circuito o un elemento es mayor de la que fue prevista para su funcionamiento normal. Muchos dispositivos admiten sobreintensidades por periodos de tiempo muy cortos sin dañarse, pero si estas anomalías se prolongan casi siempre provocan daños. Dentro de las sobreintensidades, existe un fenómeno conocido como cortocircuito, que se trata de una conexión directa entre fase y neutro o entre fase y fase. Según la ley de Ohm, si la tensión es fija (por ejemplo 230V en una vivienda), al hacer el cortocircuito la resistencia del circuito es 0Ω o un valor muy bajo, por lo tanto $230V/0\Omega=\infty A$. Vemos que el circuito consumirá una intensidad infinita (teóricamente), por lo que absorberá toda la intensidad que pueda, así que el cable o los elementos del circuito deberán soportar mucha corriente en muy poco tiempo, sufriendo daños.

Los dispositivos para proteger los circuitos contra sobreintensidades suelen ser de tres tipos: magnéticos, térmicos y electrónicos.

Los magnéticos constan de una bobina que se magnetiza al ser atravesada por la corriente. Cuando la corriente supera un nivel establecido, el campo magnético adquiere suficiente fuerza para mover una pieza que hace desconectarse al interruptor. Este sistema es casi instantáneo, y está destinado a prevenir daños en caso de cortocircuito.

En los dispositivos térmicos, la corriente atraviesa una pieza que se calienta. Cuanto mayor sea la corriente, mayor es la temperatura que alcanza la pieza. Ésta se dilata hasta el punto que, por encima de un valor establecido, desplaza a otra pieza que desconecta el interruptor. Este sistema es más lento, puesto que las variaciones de la corriente tardan un tiempo en dilatar o contraer el elemento térmico. La ventaja es que no se desconectará el circuito en caso de variaciones breves que no suponen un peligro.

Los protectores contra sobreintensidades electrónicos pueden tener muchas formas y funcionamientos, pero básicamente se trata de circuitos que miden la intensidad, y actúan al superar un valor establecido. Su gran ventaja es que se pueden programar y configurar fácilmente para que su comportamiento se adapte a las circunstancias. Pueden actuar sobre elementos muy variados, por ejemplo desconectando un interruptor mediante una bobina electromagnética, desconectando un variador de velocidad, mostrando una alarma en una pantalla, enviando un aviso a un ordenador remoto vía internet, etc.

Veamos los dispositivos de protección contra sobreintensidades más utilizados en la industria y en la vivienda:

- *Interruptor magnetotérmico*: Se trata de un interruptor que puede ser desconectado de forma manual o de forma automática. Dispone de los dos sistemas de protección, térmica y magnética, de ahí su nombre. Sus valores nominales son fijos, es decir que la intensidad a partir de la que actúa y el tiempo que aguanta antes de saltar están calibrados en fábrica. Una inscripción muestra el valor nominal de intensidad máxima, acompañado de una letra que indica el tiempo de actuación para el dispositivo térmico, siendo la B la más rápida, seguida de la C, y la D es la más lenta.

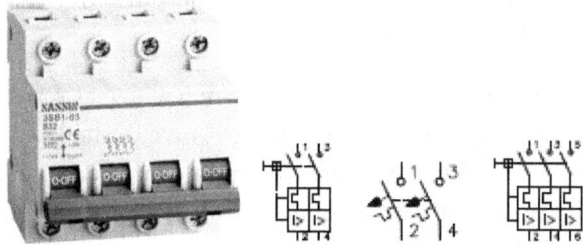

- *Disyuntor magnetotérmico* o *guardamotor*: El funcionamiento es idéntico al magnetotérmico, pero se ha adaptado para la protección de motores. Cuando un motor arranca, consume una gran intensidad, hasta alcanzar su velocidad nominal. Esta sobreintensidad producida durante el arranque haría saltar a un magnetotérmico sencillo. Para evitarlo, el dispositivo térmico tiene una respuesta mucho más lenta. Además, los guardamotores tienen un regulador que permite calibrarlos según la intensidad nominal del motor, para ser así más precisos y proteger mejor al motor. Cuando un motor consume más intensidad de la indicada en su placa de características, suele ser síntoma de que algo no funciona bien, bien por un sobreesfuerzo de los elementos móviles, o debido al deterioro de los bobinados. Si no se resuelve el problema, el motor se dañará en poco tiempo.

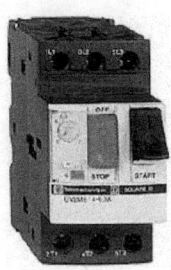

-   *Relé magnetotérmico*: Se trata de un dispositivo muy parecido al guardamotor. Se usa en los mismos casos. La diferencia está en que no tiene poder de corte, es decir que en caso de sobreintensidad no corta la corriente, sino que activa un contacto auxiliar para hacer actuar a otro dispositivo, como un contactor, que se encargue de proteger al circuito, o también se puede usar como indicador de sobrecarga, conectando simplemente una lámpara, o enviando una señal a un autómata para que la procese. Está diseñado para ser conectado directamente a la salida de un contactor, que es la forma más habitual de encontrarlo. Dispone de un botón de rearme, además de uno de test, para verificar su funcionamiento. Además, suelen tener un selector que permite seleccionar dos modos de rearme: manual, siendo necesario pulsar el botón, o automático, que se reconecta al bajar la intensidad.

-   *Interruptor modular de caja moldeada*: Es un magnetotérmico de gran tamaño, utilizado en intensidades de más de 100A. Funciona como un interruptor magnetotérmico normal, pero permite instalar un disparador en su interior para que actúe además como interruptor diferencial. Algunos permiten añadir más módulos, como contactos auxiliares.

- *Fusibles*: Se trata de un sistema térmico de desconexión permanente. Están fabricados por una cápsula que contiene un conductor de un diámetro específico. Por encima de un valor establecido, la intensidad de la corriente provoca su fusión, quedando el circuito abierto. Para volver a conectar el circuito es necesario sustituirlo. Existen muchos tipos de fusibles, al ser utilizado en casi cualquier tipo de circuito, dependiendo de su forma o materiales varían sus características como tensión de aislamiento tras el corte, velocidad de ruptura, etc. Veamos los más usuales:

  o Fusible cilíndrico 5x20mm y 6,3x32mm. Se utilizan en circuitos electrónicos y eléctricos de poca intensidad, normalmente hasta 16A. Existen de distintas sensibilidades, variando su tiempo de actuación. Es importante, al sustituirlos, que sean del mismo valor, tanto de intensidad como de sensibilidad. Su cubierta puede ser de vidrio o de cerámica.

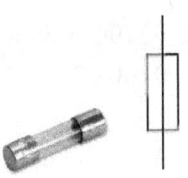

- ○ Fusible cilíndrico. Existen de cuatro tamaños

  - ▪ Tipo CI00, de 8,5x31,5 mm, para fusibles de 1 a 25 A.
  - ▪ Tipo CI0, de 10x38 mm, para fusibles de 2 a 32 A.
  - ▪ Tipo CI1, de 14x51 mm, para fusibles de 4 a 40 A.
  - ▪ Tipo CI2, de 22x58 mm, para fusibles de 10 a 100 A.

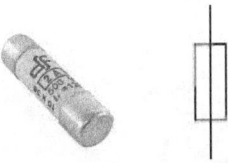

- ○ Fusible tipo D o de botella

  - ▪ Tipo DI, de 13,2x50 mm, para fusibles de 2 a 25 A.
  - ▪ Tipo DII, de 21,5x50 mm, para fusibles de 2 a 25 A.
  - ▪ Tipo DIII, de 27x50 mm, para fusibles de 35 a 63 A.
  - ▪ Tipo DIV, de 34,5x57 mm, para fusibles de 80 a 100 A.

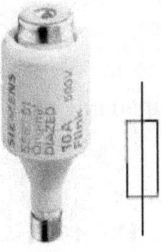

- ○ Fusible tipo NH o de cuchilla

- Tamaño 00 (000), 35 a 100 A
- Tamaño 0 (00), 35 a 160 A
- Tamaño 1, 80 a 250 A
- Tamaño 2, 125 a 400 A
- Tamaño 3, 315 a 630 A
- Tamaño 4, 500 a 1000 A
- Tamaño 4a, 500 a 1250 A

Los fusibles llevan además un código para definir su sensibilidad. En el caso de los fusibles cilíndricos del primer apartado, los códigos varían, por lo que es mejor consultar los catalogos de los fabricantes.

- Primera letra. Función:

    - Categoría "g" (general purpose fuses) fusibles de uso general.
    - Categoría "a" (accompanied fuses) fusibles de acompañamiento.

- Segunda letra. Objeto a proteger:

    - Objeto "I": Cables y conductores.
    - Objeto "M": Aparatos de conexión.

- Objeto "R": Semiconductores.

- Objeto "B": Instalaciones de minería.

- Objeto "Tr": Transformadores.

Protección contra sobretensiones

En ambientes industriales, la tensión sufre muchas variaciones, provocados por la conexión y desconexión de fuertes cargas, caída de rayos o descargas electrostáticas. Normalmente la maquinaria diseñada para estos entornos está preparada para soportarlas, y no es necesario instalar dispositivos de protección expresamente. Sin embargo, en viviendas y comercios es más habitual instalar estos sistemas, tanto para proteger equipos electrónicos delicados, como para cumplir las nuevas normativas.

Vamos a ver los sistemas más habituales.

- Protección contra *sobretensiones transitorias*. Se trata de un disposotivo conectado en paralelo a la red eléctrica, que tiene en su interior uno o más *varistores*, que son resistencias dependientes de la tensión. En el caso de que la tensión supere un valor concreto, estas resistencias se convierten en conductores, haciendo que el pico de tensión sea conducido a la toma de tierra, evitando así que llegue a los receptores. En caso de perturbaciones breves y de poca intensidad, este dispositivo actúa sin afectar a la instalación, pero en caso de sobretensiones más notables, los varistores se queman, debiendo ser reemplazados. La tensión de la instalación no se interrumpe, pero si se funden los varistores, el circuito queda sin protección.

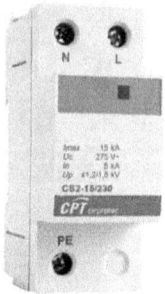

- Protección contra *sobretensiones permanentes*. Se utilizan en casos donde existe riesgo de sobretensiones de valores altos o de mayor duración. Su principal característica es que desconecta el circuito en caso de sobretensión. Debe ser rearmado manualmente.

Protección contra derivaciones

Cuando se produce un fallo en el aislamiento de un conductor eléctrico, se corre el riesgo de recibir una descarga al tocar la zona afectada. Para evitar este riesgo, se utilizan los *interruptores diferenciales*. Estos dispositivos miden la tensión que entra y la comparan con la que sale del circuito. Si hay diferencias, es porque parte de la corriente se está derivando a tierra, es decir que vuelve al generador a través de la tierra en lugar de hacerlo por el cable de fase o neutro.

Para medir este efecto, el interruptor diferencial consta de un bobinado que rodea a los conductores de fase y neutro, de modo que la corriente crea campos magnéticos, que al tener la misma intensidad y sentido contrario se anulan entre sí. Si uno de los hilos conduce menor cantidad de corriente que el otro porque ésta se está derivando a tierra, los campos magnéticos se desequilibran, alcanzando un valor capaz de desplazar una pieza que hace saltar el interruptor, abriendo el circuito.

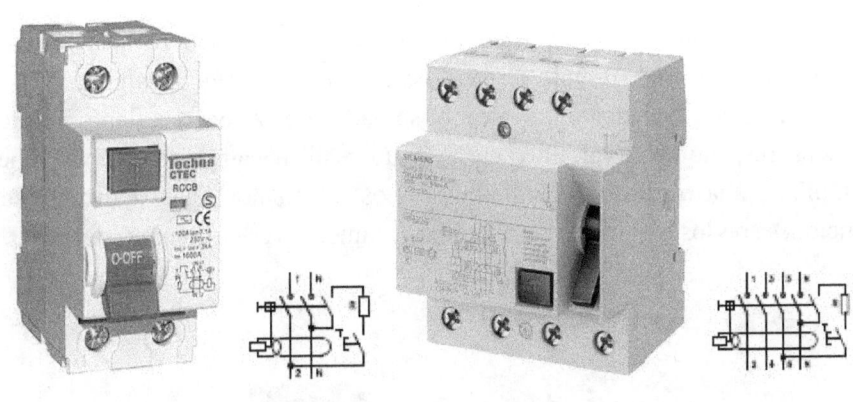

También existen *relés diferenciales*, que se diferencian de los anteriores en que no cortan el circuito directamente. Éstos miden la corriente mediante un transformador toroidal a través del cual pasan los cables del circuito, así detecta si hay caída de tensión. En caso de superar el umbral configurado, envía corriente a un electroimán (actuador magnético) montado en un interruptor de caja moldeada, haciéndolo saltar y desconectando el circuito. Normalmente estos relés tienen varios ajustes, para regular la intensidad de fuga a la que deben actuar, o el tiempo de disparo. Funciona igual que el interruptor diferencial, pero con sus elementos separados de forma modular.

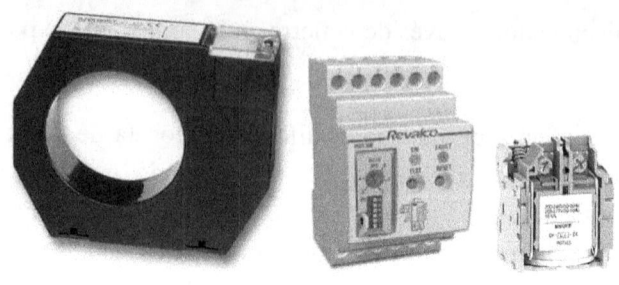

(b) Elementos de maniobra.

Normalmente, un circuito eléctrico incorpora elementos para realizar distintas funciones, como interrumpir el paso de la corriente, regular alguno de sus parámetros, etc. Por ejemplo, un robot soldador de carrocerías tiene multitud de sensores, motores, válvulas, etc. Y para realizar cada movimiento deben cumplirse una serie de condiciones. Los elementos que realizan estas funciones son los elementos de maniobra. Vamos a verlos con más detalle.

Interruptores

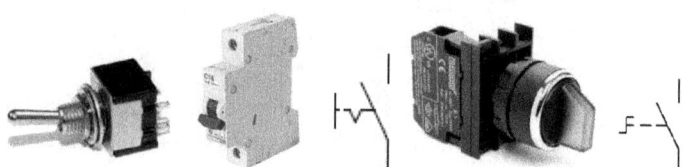

Existen muchos tipos de interruptor, pero todos tienen la misma función: interrumpir el paso de la corriente. En la imagen podemos ver tres tipos bastante comunes. A la izquierda un interruptor de palanca, utilizado para intensidades muy bajas como en circuitos electrónicos. En segundo lugar vemos un interruptor de carril DIN, que se diferencia de un magnetotérmico en que no tiene protección de disparo automático, solamente se desconecta manualmente. El tercero es un interruptor rotativo modular, muy común en cuadros eléctricos.

Pueden disponer de varios circuitos aislados en paralelo, es decir que funcionan como varios interruptores independientes, conectados a un solo botón.

Interruptores conmutadores

Son interruptores que no conectan y desconectan, sino que envían la corriente hacia una u otra salida. Se puede conseguir el mismo resultado conectando dos interruptores de forma asimétrica con los botones invertidos, de modo que al conectar uno se desconecta el otro, y viceversa.

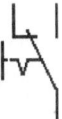

Interruptores selectores

Se trata de interruptores con varias posiciones, que disponen de contactos independientes, que se activan o desactivan dependiendo de su posición. Podemos encontrar selectores que funcionan como un conmutador, otros como conmutador más una posición intermedia en la que quedan desconectados, y otros casos con múltiples posiciones, cada una activando un contacto independiente.

En la imagen de la izquierda, vemos un selector con 15 circuitos y tres posiciones. En el centro un selector estrella triángulo, que permite modificar la conexión de un motor con un solo movimiento, y a la derecha un selector modular, que suele ser el más habitual en cuadros eléctricos y paneles de maniobra.

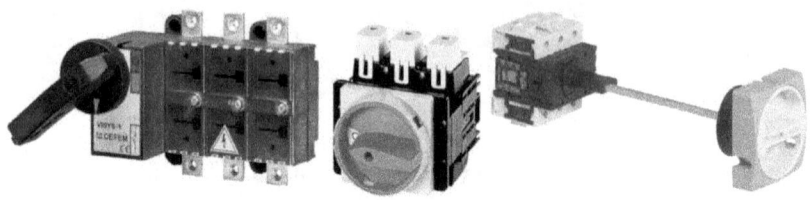

Se trata de interruptores con algunas características especiales. Permiten cortar la corriente de grandes cargas. En los casos de que la corriente sea tan alta que al cortar el circuito se produzcan arcos eléctricos (chispas), disponen de un sistema que los extingue o minimiza.

Además, suelen incorporar orificios para permitir inmovilizarlos mediante candados, para evitar así que se conecte el circuito mientras alguien trabaja en la instalación.

Casi siempre los encontramos en los cuadros eléctricos principales de las máquinas, y al desconectarlos toda la máquina queda sin tensión.

Existen modelos con el botón de accionamiento montado en la puerta del cuadro eléctrico, mientras que el mecanismo está fijo en el interior. Disponen de un sistema de enclavamiento que evita que podamos abrir la puerta sin desconectar el seccionador.

Pulsadores

Son interruptores de acción momentánea. Los interruptores son *biestables*, es decir que se mantienen estables en cualquiera de sus dos posiciones, mientras que los pulsadores son *monoestables*, manteniéndose estables solamente en una posición. Actúan mientras están presionados, y al soltarlos vuelven a su posición de reposo. Se pueden encontrar de dos tipos: normalmente abiertos (NA o NO) y normalmente cerrados (NC), dependiendo de su función en estado de reposo. Un pulsador NA no deja pasar la corriente mientras no sea pulsado, mientras que un NC está conectado mientras no se pulse.

En las imágenes vemos un pulsador industrial modular, un pulsador táctil utilizado exclusivamente en circuitos electrónicos, un pulsador doble, que normalmente consta de un pulsador NA (verde) y otro NC (rojo), y los símbolos normalizados de pulsadores NA y NC.

Existen también multitud de interruptores y pulsadores para usos especiales, como accionados por llave, por palanca, etc. Su funcionamiento interno es idéntico.

Setas de emergencia

Se trata de pulsadores, normalmente de tipo NC, que quedan enclavados al pulsarlos. Esto impide que la máquina pueda arrancar accidentalmente sin desbloquear antes el botón. Así se obliga al operario a ver que la seta ha sido pulsada, y debe averiguar el motivo antes de arrancar.

Tienen forma de seta y son rojas para que sean muy fáciles de localizar y pulsar en caso de emergencia.

Se rearman girándolas en el sentido que indican las flechas grabadas o impresas, aunque hay modelos que se rearman tirando (en desuso), y otras es necesario desbloquearlas con una llave.

Se trata de un dispositivo al que se ata un cable de acero con una tensión concreta. Al tirar del cable, la máquina se detiene.

Se utiliza en los mismos casos que las setas de emergencia. En los lugares de trabajo con riesgos para el operario deben existir dispositivos manuales de parada al alcance de la mano, para poder ser accionados en caso de atrapamiento, por ejemplo. Es complicado y poco práctico montar una seta de emergencia cada dos metros en una cinta transportadora, por ejemplo. Con el cable de emergencia, es posible instalar el cable a lo largo de toda la cinta, con el mecanismo en un solo extremo.

Estos equipos disponen de un botón de rearme, que solo funciona si el cable tiene la tensión adecuada, tanto por exceso (si está siendo accionado) como por defecto (si el cable se ha roto). También disponen de un visor con una marca para ayudar a regular la tensión del cable. Para regular esta tensión se pueden manipular los perrillos, cáncamos o elementos de fijación del cable, o bien realizar un ajuste fino con el propio tensor incorporado.

Interruptores especiales

Vamos a crear un apartado para incluir algunos tipos de interruptor, que eléctricamente funcionan de forma muy similar a los vistos anteriormente, pero tienen características propias.

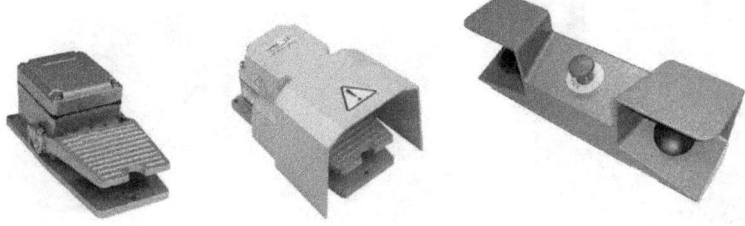

En la imagen vemos, en primer lugar, un *interruptor de pedal*. Su funcionamiento es idéntico al de un pulsador, pero se acciona pisándolo con el pie. Puede ser de tipo NA, NC, NA+NC, o conmutado. La siguiente imagen corresponde a un interruptor de pedal como el anterior, que incorpora además una cubierta de protección para evitar que se pise por accidente, o al caerle un objeto encima. Algunos pedales no funcionan como interruptores, sino que disponen de potenciómetros o encoders para conocer la posición exacta del pedal, por ejemplo para modificar la velocidad de un motor según la presión. El tercer tipo es un *pulsador de mando a dos manos*, que obliga a tener las dos manos sobre los pulsadores para accionar la máquina, evitando atrapamientos y cortes accidentales. Este modelo, además, incorpora una seta de emergencia como seguridad adicional.

Relés

Un *relé* es un interruptor electromagnético activado eléctricamente. Aplicando tensión a un bobinado, éste crea un campo magnético que atrae un contacto móvil, que puentea dos terminales. Normalmente, los contactos están dispuestos en modo conmutador, y es fácil encontrar relés con dos o más circuitos en paralelo. Existe una infinidad de modelos, y a la hora de sustituirlos debemos tener mucho cuidado con sus características mecánicas y eléctricas, como puede ser la tensión de alimentación de la bobina (cuidado con intercambiar bobinados de CA por CC), su consumo, la intensidad que soportan los contactos, la tensión de aislamiento, número de polos, etc.

En las imágenes vemos, por orden de lectura, un relé para pequeñas corrientes, donde se aprecia el mecanismo que desplaza el contacto móvil. El segundo es un relé utilizado en automoción. A continuación vemos un relé modular, que debe conectarse a un zócalo como los dos mostrados en último lugar. Este sistema de conector por terminales dispuestos en forma circular se conoce como octal y undecal, dependiendo de si tiene ocho u once contactos, respectivamente.

Contactores

Un *contactor* es un relé, exactamente con el mismo funcionamiento. Recibe una denominación distinta porque tiene características particulares. Los contactores están diseñados para conectar o interrumpir grandes corrientes sin crear arcos (chispas). Esto lo consiguen habitualmente mediante unas cámaras de aire, que al desplazarse la parte móvil que acciona los contactos, generan un movimiento de aire que extingue el arco. De este modo, la temperatura en los contactos no se eleva, aumentando su vida útil.

Los contactores que encontramos de forma comercial suelen estar adaptados para accionar motores, por lo que su presentación más usual es con tres contactos de potencia, para accionar motores trifásicos.

Los contactos que soportan mayor intensidad están marcados con una letra L a la entrada (línea), y una T a la salida (trabajo). Además, pueden incorporar contactos auxiliares marcados como NA/NO, o NC, dependiendo de su función. Los contactos auxiliares no pueden utilizarse para conectar cargas de alta intensidad, como motores. La bobina de accionamiento tiene dos conectores marcados como A1 y A2. En algunos modelos, encontramos que uno de los bornes de la bobina está duplicado. Esto quiere decir que el mismo contacto está puenteado internamente, para que conectemos el que nos resulte más cómodo en cada caso. También vale la pena comentar que las bobinas suelen ser intercambiables, de modo que podemos modificar la tensión de alimentación intercambiando solamente la bobina.

Al igual que en los relés, existen muchos tipos y combinaciones de contactores, por lo que debemos estar atentos a sus características.

En la primera imagen apreciamos un contactor con tres contactos de potencia y otro auxiliar. En segundo lugar aparece un contactor con tres contactos de potencia y dos contactos auxiliares. El último es un contactor de tres polos de potencia y uno auxiliar, al que se le ha acoplado un módulo auxiliar con tres contactos más.

Relés temporizados

Los *relés temporizados* activan o desactivan sus contactos tras un tiempo establecido. Pueden retrasar la conexión, la desconexión, ambas, hacer intermitencias, etc.

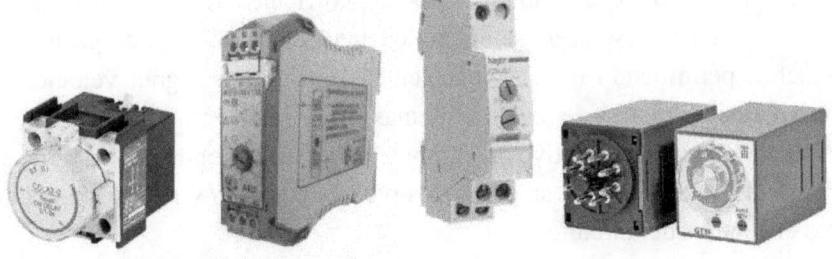

En primer lugar vemos un contacto auxiliar temporizado neumático. Se acopla a un contactor, y al accionarse éste, una cámara de aire con un pequeño orificio deja pasar el aire lentamente, hasta que el contacto se desplaza. Un botón permite variar el tiempo modificando el paso de aire. Este sistema es muy práctico cuando tenemos ya instalado el contactor, puesto que utiliza el menor número de contactos posible. El segundo modelo es un relé especialmente diseñado para arrancar motores en modo estrella-triángulo. Al arrancar el motor, éste consume una gran cantidad de energía, por lo que se utiliza un contactor que polariza el motor en modo estrella. Cuando transcurre un tiempo en el que el motor ya tiene suficiente inercia, se desconecta la salida que activa el contactor para la estrella, y se conecta otra salida que acciona un contactor en modo triángulo, entregando la máxima potencia al motor. El tercer tipo es un relé temporizador de escalera, que se utiliza para mantener la iluminación de un recinto activada durante varios minutos, al entregarle tensión a un terminal a través de un pulsador. Este sistema se utiliza habitualmente en edificios comunitarios, para alumbrar las zonas de paso el tiempo suficiente para que una persona lo atraviese. El último tipo es un modelo de relé temporizado undecal, que dispone de un circuito electrónico interno que realiza la temporización.

Muchos relés temporizados son configurables, es decir que permiten modificar el tiempo de maniobra, o incluso su función, seleccionándola mediante un selector rotativo. Lo habitual es que cada función esté indicada por una letra, y en el lateral del relé, o en su manual, aparece la descripción de cada función.

Relés de estado sólido (SSR)

Un *relé de estado sólido* es un dispositivo semiconductor que permite o impide el paso de la corriente a través de un elemento llamado *triac* o *tiristor bipolar*. Al aplicar tensión en dos de sus terminales, el elemento semiconductor permite el paso de los electrones a través suyo, y al cortar la alimentación, se detiene también el paso de corriente. Al no existir elementos mecánicos que se desplacen, se evitan los arcos eléctricos y el desgaste de los contactos, permitiendo que se conecten y desconecten a gran velocidad un número casi ilimitado de veces. Además, estos elementos permiten que la corriente se active y desactive en el momento en que la onda senoidal tiene un valor de 0V, de modo que se evitan los picos de tensión y las interferencias a otros elementos del circuito.

Los SSR (solid state relay en inglés) se utilizan normalmente en cargas resistivas, como resistencias de calentamiento, o cargas inductivas monofásicas. Para cargas trifásicas no es recomendable conectarlos directamente, porque al arrancar en el punto de paso por 0V, los relés arrancarían desfasados.

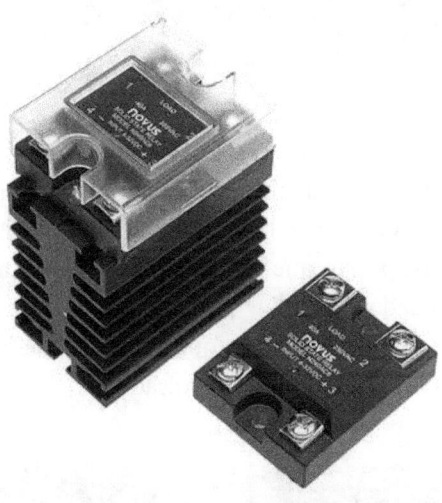

En la imagen vemos un relé de estado sólido montado sobre un disipador de aluminio, y sin disipador. El elemento semiconductor se calienta, por eso a partir de cierta intensidad es necesario montar un radiador que extraiga el calor y lo disipe al aire.

(c) Diálogo hombre-máquina (HMI)

Se conoce como elementos de diálogo hombre-máquina (Human Machine Interface en inglés) a todos los elementos que proporcionan información al operario, así como los que permiten que el operario dé órdenes a la máquina. Es decir que son los elementos que permiten el "diálogo" entre el operario y la máquina.

Por supuesto, en este apartado se podrían incluir los interruptores y pulsadores de accionamiento manual, siempre que se utilicen para el manejo de la máquina.

Actualmente, la mayoría de máquinas complejas disponen de HMI de tipo electrónico, como pantallas táctiles y teclados alfanuméricos, puesto que permiten aumentar el control y la información obtenida, así como ahorrar costes y evitar averías, puesto que un panel lleno de pulsadores y cables tiene muchas más posibilidades de fallar por desgaste. Además, se han reducido mucho los costes de la electrónica, lo que permite instalar una pantalla táctil por un precio menor al de un puñado de pulsadores.

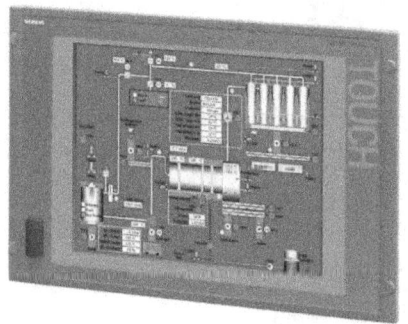 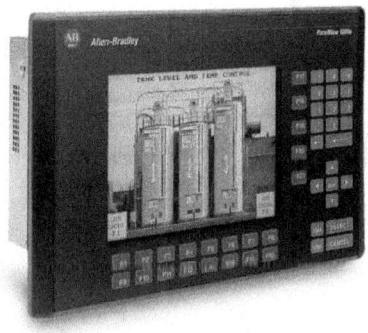

Otra ventaja de esta tecnología, es que permiten modificaciones relativamente sencillas, al no tener que alterar elementos físicos, sino que se edita un programa informático, permitiendo además hacer pruebas y modificaciones ilimitadas.

Vamos a ver los distintos elementos que podemos encontrarnos en la industria, funcionando como HMI.

Lámparas y pilotos

Una señal luminosa es una forma muy sencilla y eficaz de llamar la atención del operario, ya sea para indicar que la máquina está trabajando correctamente, como para avisar de una incidencia.

De izquierda a derecha, pilotos de panel, una sirena rotativa, otra de destellos, y una baliza modular, a la que pueden añadirse elementos de distintos colores, así como avisadores acústicos.

En la industria podemos encontrar muchos tipos de lámparas, y antes de manipularlas o intercambiarlas debemos observar sus características, porque podemos encontrar muchos rangos de tensiones en una misma máquina: 24Vdc, 24Vac, 110Vac, 230Vac, 400Vac, etc.

Actualmente se están sustituyendo las lámparas de filamento por las de LED, que tienen un menor consumo y una vida útil mucho mayor. Además, resisten las vibraciones y golpes, así que son muy recomendables en los pilotos instalados en puertas de cuadros eléctricos o en elementos que reciben la vibración de motores.

Sirenas y zumbadores

Existen multitud de avisadores acústicos. Se selecciona uno u otro modelo, dependiendo principalmente del nivel acústico que se quiera conseguir, y del tipo de señal sonora, que puede variar para distinguir fácilmente el origen del aviso.

Se utilizan para facilitar el trabajo del operario, avisando cuando la máquina realiza un paso determinado, o para advertir de alarmas o incidencias.

En la imagen podemos ver un zumbador de panel, que tiene un volumen bajo para estar situado cerca del usuario, seguido de una sirena rotativa, que proporciona un sonido muy alto, después tres zumbadores de alto nivel, y finalmente un timbre de campana.

Al igual que en los avisadores luminosos, existen avisadores acústicos con características muy distintas, como su tensión de alimentación, nivel acústico medido en dB (decibelios), y sonido. Algunos modelos electrónicos permiten seleccionar el tono, de forma que distintas máquinas pueden utilizar el mismo tipo de avisador pero con distinto sonido, distinguiéndose fácilmente cuál es el que está sonando.

Joysticks

Se trata de una palanca que se puede mover en cualquier sentido. Puede ser de tipo todo-nada o proporcional (analógico).

Los modelos más simples constan de varios interruptores, y al mover la palanca se acciona uno u otro. Estos son de tipo todo-nada. Otro tipo permite a la máquina conocer la posición exacta de la palanca, de modo que podemos variar la velocidad de un desplazamiento en función de la fuerza con la que movamos el joystick. Estos son los de tipo analógico, y requieren que un circuito electrónico procese la información del movimiento.

Potenciómetros

Son resistencias de valor ajustable, que permiten regular algún parámetro de la máquina.

A la izquierda de la imagen vemos una pieza del potenciómetro, donde se aprecia la pista de la resistencia de color negro. A través de ella se desplaza un cursor metálico, de forma que el valor entre el terminal del cursor y cada extremo de la pista varía al desplazarse. El modelo en segundo lugar es un tipo sencillo, utilizado en electrodomésticos pero no muy apto para la industria, debido a su falta de protección contra la suciedad. El tercero es un potenciómetro multivuelta de uso industrial, con su cursor. El último es un potenciómetro deslizante, en el que la pista es recta.

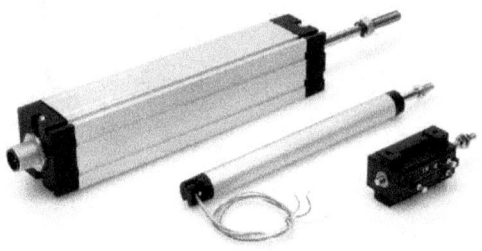

Los modelos de potenciómetros mostrados en esta imagen no se utilizan como HMI, sino como sensores, y permiten conocer la posición exacta de un elemento de la máquina con movimiento lineal.

Normalmente, los potenciómetros se conectan como *divisores de tensión*, como podemos ver en la fig. 11.

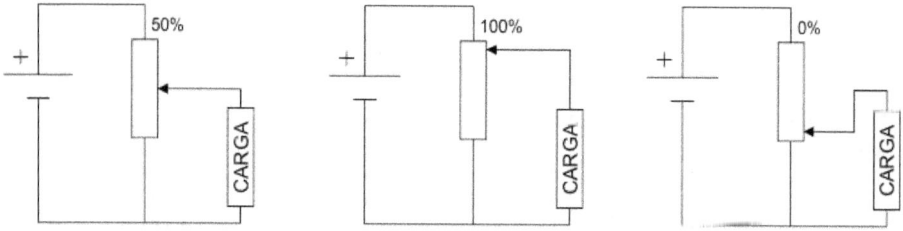

Fig. 11. Potenciómetro conectado como divisor de tensión

Los extremos de la pista de la resistencia se conectan a la tensión de entrada. Un valor bastante normalizado en la industria para las señales de control es el de 0-10V, fácil de conseguir conectando el potenciómetro a una tensión de 10Vdc. Una pequeña corriente circula a través del potenciómetro. El cursor recoge una parte de esa corriente y la lleva hasta la carga. En función de la posición del cursor, la tensión de la carga será proporcional a la tensión de alimentación. Por ejemplo, en el caso de la izquierda, al estar el cursor en el centro de la pista, la tensión en su salida será la mitad. En el segundo caso, como quedará conectado directamente al polo positivo de la pila, la tensión de salida será igual a la de entrada. En el ejemplo de la derecha, la tensión de salida será cero, porque los dos terminales de la carga estarán conectados al polo negativo de la pila. El potenciómetro permite una cantidad de valores infinita dentro del rango permitido por la tensión de alimentación, puesto que el cursor se puede desplazarse hasta cualquier punto de la pista. Esto permite ajustes muy precisos, sobre todo en los *potenciómetros multivuelta*, que funcionan con una especie de engranaje que hace que el cursor dé diez vueltas entre un extremo y otro de la pista. Para conseguirlo, la pista resistiva está paralela al eje, que tiene una rosca que hace avanzar o retroceder al cursor, de forma que éste se desplaza por la pista.

Knobs

Un *knob* es un elemento similar a un potenciómetro, pero que funciona de forma digital. Internamente, se trata de un *encoder* (que veremos más adelante). No tiene límite de movimientos, simplemente gira infinitamente en ambos sentidos. Al no tener límites ni posiciones de referencia, si se necesita mostrar el valor seleccionado, éste debe ser mostrado en una pantalla o mediante otro tipo de indicadores luminosos.

Los knobs se utilizan poco en industria, porque requieren ser controlados por un circuito electrónico, aunque cada vez son más habituales, al tener la electrónica cada vez más protagonismo.

Pantallas con teclado

Se trata de ordenadores muy compactos y resistentes a las condiciones industriales, con sistemas operativos más robustos y estables. Incluyen todos los componentes como teclado, incluso algunos tienen un trackball para usarlo a modo de ratón. Algunas son muy sencillas, y solo permiten enviar comandos y mostrar luces o textos sencillos recibidos desde un autómata. Otras funcionan como ordenadores personales, con sistemas operativos muy avanzados.

Pantallas táctiles

Al igual que en las pantallas con teclado, también pueden ser ordenadores completos, y todavía permiten un mayor control que las anteriores, porque en lugar utilizar ratón se pulsa directamente sobre la pantalla. Algunas pantallas son auténticos ordenadores personales, con sistemas operativos comerciales, como Windows, Linux o Android.

Sensores táctiles resistivos

Una pantalla táctil no es más que un monitor TFT o LCD, al que se le superpone un sensor táctil transparente. Vamos a ver el sensor de tipo resistivo. Dispone de dos láminas conductoras con unos separadores para que no se toquen. Al pulsar, las dos láminas se tocan, y gracias a unas resistencias, la tensión que pasa de una lámina a otra es diferente en cada punto de la lámina. Así, el receptor conectado puede saber el punto exacto donde se ha pulsado. Por su diseño, solamente se puede tocar en un punto a la vez.

En este tipo de sensor, lo que se detecta no es la corriente que pasa de una lámina a otra, sino la interferencia que hace nuestro dedo al tocar la pantalla. No entraremos demasiado en la explicación del funcionamiento, porque puedes verlo fácilmente en multitud de videos online. La principal diferencia práctica con el anterior es que permite tocar simultáneamente en varios puntos de la pantalla.

En la imagen de la izquierda vemos un sensor capacitivo para pantalla táctil. En el centro y a la derecha podemos observar un tipo de sensor táctil que está proliferando rápidamente. Se trata de sensores fabricados con las mismas pistas de cobre del circuito impreso, de modo que resultan realmente económicos, además de ser extremadamente resistentes al no tener elementos mecánicos. Es muy previsible que en un futuro cercano, se construyan paneles industriales con este tipo de sensores en lugar de pulsadores, con lo que se ahorrarán muchos costes y se reducirán enormemente el desgaste y las averías.

SCADA

Para terminar el apartado de HMI, conoceremos los sistemas SCADA (Supervisory Control And Data Acquisition). Se trata de una combinación de hardware y software, que permite la representación gráfica esquematizada de una máquina, línea, o planta completa, con sus controles y valores fácilmente visibles, colocados en el elemento de la imagen que les corresponde. Esta representación se realiza con un ordenador o una pantalla táctil directamente conectada a la máquina, de forma que nos comunicamos con enorme fluidez y facilidad. La pantalla puede estar ubicada sobre la misma máquina o en cualquier parte del mundo a través de internet. Los comandos que accionemos se transmitirán a la máquina y ésta los ejecutará. Estos sistemas se están imponiendo muy rápidamente, debido a la agilidad de uso y a que se previenen errores, al tener más claro en todo momento la función de cada comando.

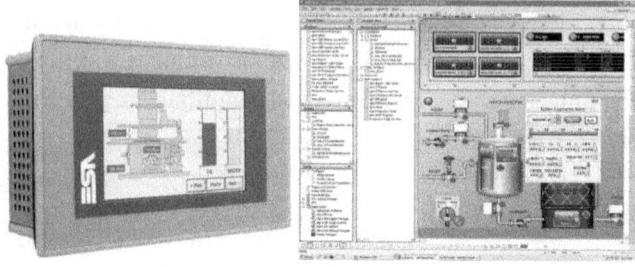

(d) Sensores

Los sensores son dispositivos de adquisición de datos automáticos, es decir que proporcionan información a la máquina sin intervención directa del usuario. Pueden ser extremadamente sencillos, como un interruptor de posición, o muy complejos, como una cámara de visión artificial.

Interruptores de posición

Se trata de interruptores accionados por el movimiento de un objeto. Se utilizan para conocer cuando un objeto o pieza llega a una posición concreta. También se conocen como interruptores de final de carrera.

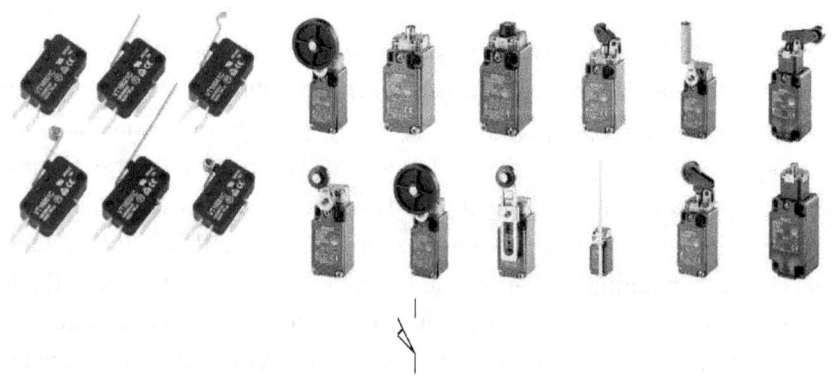

A la izquierda de la imagen vemos seis tipos de interruptores de posición en miniatura, y a la derecha doce tipos de interruptores de posición industriales. En el extremo derecho observamos el símbolo para un interruptor de posición NA.

En máquinas pequeñas se utilizan los modelos en miniatura. Los industriales son más resistentes y están mejor protegidos contra polvo y agua.

Existen distintos tipos y formas para adaptarse mejor a la función que realicen, pero básicamente todos funcionan como pulsadores, ya sean tipo NA, NO, o una combinación de ambos, es decir como un conmutador.

(i) Interruptores de seguridad

Se trata de un tipo de interruptor que se utiliza para comprobar que el acceso a una parte peligrosa de una máquina se encuentra cerrado. Es un interruptor internamente normal, pero que tiene la particularidad de que no puede ser accionado manualmente, ni con herramientas estándar. Suelen constar de una caja con el bloque de contactos que tiene una ranura por donde entra la pieza con forma especial sujeta a la puerta o trampilla. La máquina no arrancará mientras esa pieza no esté correctamente insertada.

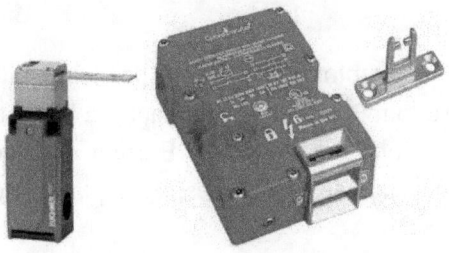

El modelo a la izquierda de la imagen es un interruptor de seguridad estándar, mientras que el de la derecha tiene un enclavamiento electromagnético, es decir, que si no se le aplica tensión no es posible separar las dos piezas. Esta doble protección impide además abrir la puerta o trampilla si la máquina no está en unas condiciones de seguridad. También debe disponer de una cerradura para poder desbloquear el acceso con una llave, para casos de avería o emergencia.

Interruptores REED

Se trata de un interruptor que se activa mediante la proximidad de un campo magnético. Está construido con una ampolla de vidrio de la que salen dos terminales, cada uno de ellos conectado a un contacto móvil dentro de la ampolla. Al acercarse a un campo magnético, los contactos se unen dejando circular la corriente. Suele utilizarse para detectar la posición de un componente sin contacto. Solamente funciona con un campo magnético, por lo que es necesario montar un imán en la pieza que queremos detectar.

En la imagen izquierda observamos un interruptor REED en el que se ven los contactos móviles. En la imagen central, vemos un encapsulado típico en la industria, que protege y ayuda a fijar el interruptor. A la derecha aparece un cilindro neumático con un interruptor REED alojado en una de sus ranuras. El émbolo del cilindro tiene un imán, por lo que el interruptor se activa en una posición concreta del cilindro.

Termostatos

Los termostatos son interruptores que actúan por temperatura. Constan de un elemento que varía su longitud o volumen gracias a la dilatación, desplazando el mecanismo que acciona los contactos. Existen de muchos tipos, aunque básicamente todos constan de dos partes, el captador de temperatura y el contacto eléctrico.

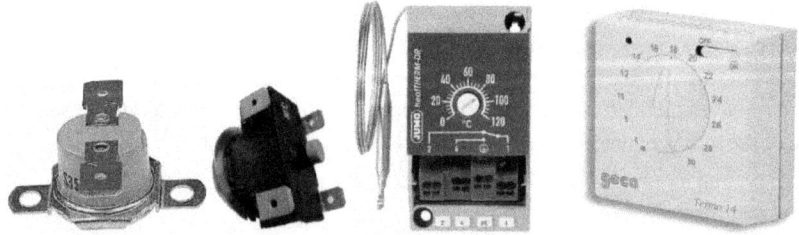

En la imagen de la izquierda vemos un termostato que se fija directamente a la superficie sobre la que queremos captar la temperatura. La segunda imagen corresponde a un termostato de seguridad, que se dispara por encima de cierta temperatura, con un botón para su rearme. El tercer modelo es un termostato con una ampolla sumergible en líquido, en su interior contiene líquido o gas que se expande con el calor, accionando el contacto. Este modelo es regulable. El cuarto es un termostato de ambiente, que mide la temperatura del aire y dilata o contrae un metal que activa un contacto. También es regulable.

Presostatos

Los *presostatos* son interruptores que se activan o desactivan a partir de un nivel de la presión de un fluido, que en algunos modelos es regulable y en otros viene tarada de fábrica. Miden la presión de un líquido o gas, mediante un tubo que entra en contacto, y empuja un muelle. Conforme aumenta la presión, el muelle se comprime hasta hacer desplazarse al contacto eléctrico. En los modelos regulables, un tornillo varía la dureza del muelle, para que necesite mayor o menor presión para desplazar el contacto.

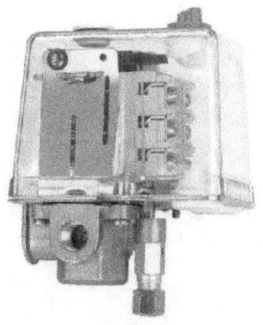  

A la izquierda vemos un presostato para compresor de aire, que dispone en el mismo cuerpo de un interruptor manual, además de un sistema de arranque retardado que permite que durante unos segundos el compresor libere presión, para permitir al motor alcanzar su velocidad nominal con menor esfuerzo. En el centro de la imagen vemos un presostato de gas frigorífico, y a la derecha un modelo muy común en electrodomésticos, como lavadoras o lavavajillas. Este tipo se utiliza como medidor de nivel de agua. Se conecta a un tubo que queda suspendido con su orificio hacia abajo, y cuando el agua lo tapa, la presión que ejerce hacia arriba activa el contacto eléctrico.

Sensores de proximidad inductivos

Los sensores inductivos detectan la proximidad de un metal, activando su salida. Disponen de un circuito electrónico en su interior, que genera un campo magnético. Con la proximidad de un metal, el campo magnético varía, y el circuito detecta esta variación, alimentando a un transistor o relé. El alcance de estos sensores suele ser muy reducido, habitualmente de pocos milímetros. A la hora de escoger un sensor, debemos tener en cuenta su tensión de trabajo, su alcance en milímetros, si estará montado enrasado con un metal o no, y su tipo de salida.

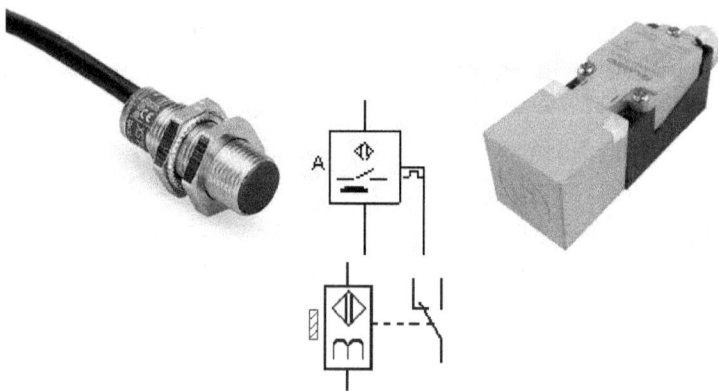

A la izquierda vemos un detector con salida a transistor, suele disponer de tres hilos, marrón es alimentación positiva, azul es alimentación negativa, y negro es la salida, que es igual a la alimentación positiva cuando hay un metal cerca. En el modelo de la derecha, la salida activa un relé, de modo que funciona como un interruptor. Además se puede abrir para hacer las conexiones eléctricas. Estos modelos suelen tener marcado un círculo similar a una diana, para indicar la zona de detección.

Sensores de proximidad capacitivos

Estos sensores son casi idénticos a los anteriores, con la salvedad de que detectan materiales no metálicos. Tanto su aspecto como su funcionamiento y conexionado son muy similares.

Existen muchos tipos de *sensores fotoeléctricos*. Básicamente, constan de un emisor de *luz infrarroja*, y un receptor, que recibe esta luz de forma directa o reflejada. Se aplica en múltiples situaciones, para detectar objetos, ya sea porque reflejen la luz o porque interrumpan su paso. Para más precisión, algunos sistemas utilizan fibra óptica o láser.

El primer modelo es una fotocélula con el emisor y receptor en el mismo encapsulado. El segundo tipo consta de emisor y receptor independientes, el tercero incluye un espejo. El cuarto dispone de cabezales conectados por fibra óptica, permitiendo colocar el haz de luz en un lugar reducido, dejando el mecanismo aparte. El último tipo es una barrera fija, con emisor y receptor enfrentados, de modo que el sensor actúa al pasar un objeto por el interior de la horquilla.

Existen tipos especiales de fotocélulas, para permitir detectar multitud de objetos. Comentaremos los tipos de *supresión de fondo* y primer plano. Mediante el ajuste de un regulador alojado en la propia fotocélula, ésta detecta un objeto despreciando los objetos más cercanos o alejados, según el tipo. Lo mejor es que busques el manual del modelo concreto cuando sea necesario. Verás que en poco tiempo eres capaz de ajustarlo sin consultar.

Los fabricantes suelen incluir símbolos que describen el funcionamiento básico del dispositivo.

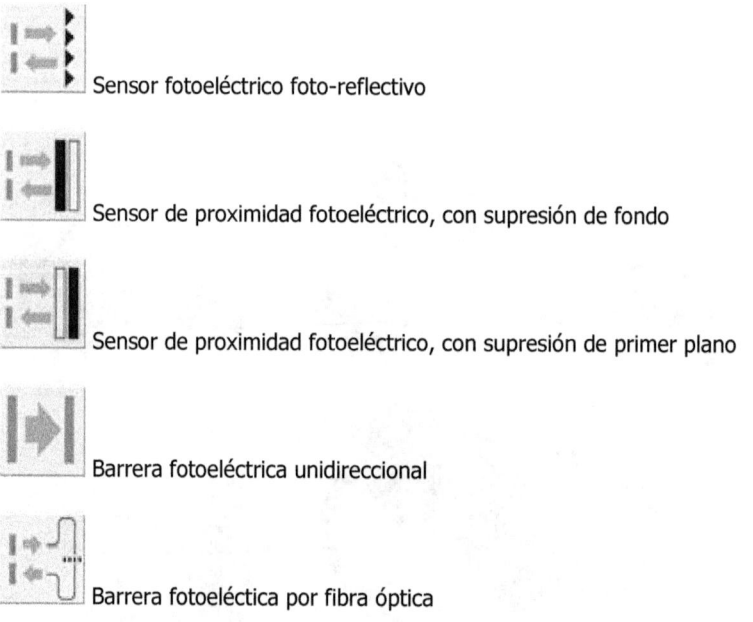

Sensor fotoeléctrico foto-reflectivo

Sensor de proximidad fotoeléctrico, con supresión de fondo

Sensor de proximidad fotoeléctrico, con supresión de primer plano

Barrera fotoeléctrica unidireccional

Barrera fotoeléctica por fibra óptica

Barreras de seguridad

Las *barreras de seguridad* o *cortinas*, son unos dispositivos que montan varios pares de fotocélulas unidireccionales, creando una valla invisible. Se utilizan para detectar el acceso de personas a una zona peligrosa de la máquina. En realidad, se podrían montar varias parejas de fotocélulas para hacer la misma función, pero este sistema es más compacto y robusto.

Interruptores crepusculares

Estos sistemas constan de un sensor de luz y un regulador, para seleccionar el nivel de luz ambiental necesario para activar y desactivar un relé. Se utilizan para conectar automáticamente el alumbrado durante la noche. Debe montarse de forma que reciban la luz ambiental, evitando la exposición directa a luz artificial.

Termopares o termocontactos

Los *termopares* son unos sensores extremadamente sencillos y económicos, que permiten medir temperaturas bastante altas, por lo que es habitual encontrarlos en hornos. Su funcionamiento está basado en un principio según el cual, al unir un extremo de dos hilos conductores de distinto material, en caso de que exista una temperatura distinta en el otro extremo, se creará una corriente. Esta corriente tiene un valor muy pequeño, por lo que es necesario amplificarla.

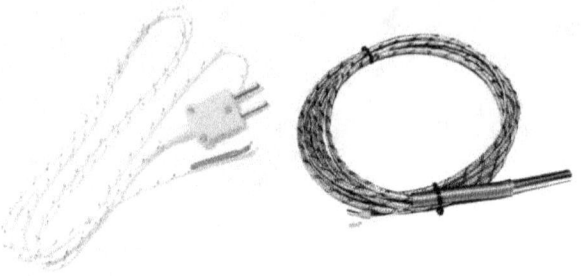

En la imagen de la izquierda vemos un sensor termopar sin cubrir. Se utiliza para instrumentos de medida. A la derecha vemos un sensor encapsulado, tal y como podemos encontrarlo en un entorno industrial.

Termistores NTC, PTC y PT100

Las NTC (resistencia con coeficiente de temperatura negativo) y las PTC (resistencia con coeficiente de temperatura positivo), son *termistores*, es decir resistencias que varían su valor en función de la temperatura. La PTC lo hace de forma directa (a mayor temperatura, mayor resistencia), y la NTC lo hace de manera inversa (más temperatura, menor resistencia). Se utilizan para medir la temperatura en cámaras frigoríficas, hornos, temperatura ambiente, etc. Se pueden utilizar en líquidos mediante un encapsulado aislante. La proporción entre resistencia-temperatura no es lineal.

Un tipo especial de PTC (de hecho técnicamente no es una PTC) es la PT100, que a 0°C mide 100Ω y está compuesta de otros materiales. La resistencia de la PT100 sí es lineal respecto a la temperatura, por eso tiene otro símbolo, aunque es habitual encontrarlo con el mismo símbolo que las NTC y PTC.

La línea que cruza el símbolo de la resistencia en la PT100 es recta, para simbolizar su respuesta lineal, y en las PTC y NTC está desviada, para expresar que no son lineales.

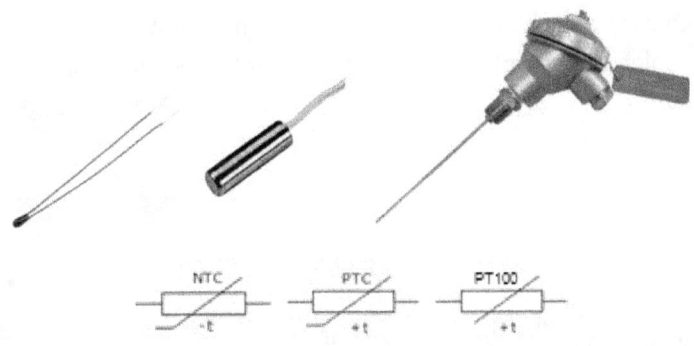

En las imágenes vemos un termistor sin encapsular, otro con un encapsulado sencillo, y el tercero con un encapsulado para ser sumergido en líquido. Debajo vemos los símbolos de la NTC, la PTC y la PT100, respectivamente.

Sondas de temperatura por infrarrojos

Se trata de sensores electrónicos que miden la temperatura de un objeto sin tocarlo. Disponen de un receptor infrarrojo que convierte la radiación infrarroja de un objeto en una señal eléctrica, y un circuito electrónico que la amplifica y procesa. La salida puede ser analógica o digital.

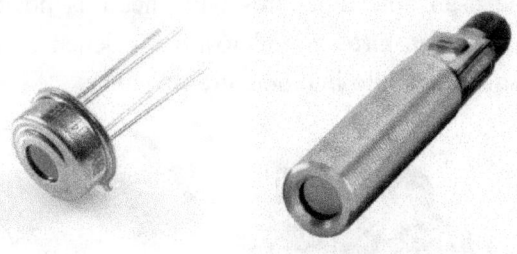

A la izquierda vemos el sensor que capta la radiación infrarroja. El sensor de la derecha ya está encapsulado, integrando el circuito electrónico.

Células de carga

Estos sensores generan una pequeña corriente eléctrica cuando son deformados. Se utilizan en básculas y para medir fuerzas. Existe una gran variedad de formas, dependiendo de su aplicación. Podemos encontrar modelos que miden fuerzas de tracción, compresión o flexión. Algunos permiten alojar rodamientos, de modo que miden la fuerza que soporta un rodillo giratorio.

El modelo de la primera imagen es el más utilizado en básculas. Los otros dos son modelos para aplicaciones especiales.

Sensores de posición angular magnéticos

Estos sensores disponen de un eje unido a un imán, y un bobinado que hace de electroimán, variando su campo magnético en función de la posición del imán. Un circuito electrónico procesa la información y entrega una señal analógica o digital, para que un autómata pueda utilizarla. En aplicaciones muy simples se usan potenciómetros para medir la posición angular, pero estos sensores permiten giros completos, y no tienen desgaste, al no haber contacto físico ni rozamiento interno entre las partes.

Encoders

Los *encoders* son dispositivos electrónicos que tienen un eje rotativo, y son capaces de indicar el desplazamiento exacto del eje, y el sentido de giro. Esto lo consiguen gracias a unos sensores ópticos que leen unas marcas hechas en un disco que gira con el eje, de forma que la combinación entre el color blanco y negro varía de un sentido respecto al otro. Así, el sensor entrega una señal digital que indica el desplazamiento radial exacto. Al conectar el encoder a un autómata, podemos conocer en todo momento la posición exacta o la velocidad de avance de un elemento. Podemos encontrar encoders de distintas resoluciones, según la precisión que queramos obtener. Si quieres ver un encoder sencillo, puedes abrir un ratón de bola (aunque cada vez son más difíciles de encontrar), y verás dos encoders, uno para el eje X y otro para el Y.

También existen los *encoders lineales*, que en vez de desplazarse en sentido giratorio, lo hacen en línea recta. Un ejemplo fácil de encontrar está en las impresoras o escáners. Suelen tener una banda con la codificación en blanco y negro, y el sensor está unido al carro. En industria, es más habitual encontrarlos encapsulados, de forma que no podemos ver su mecanismo sin desmontarlos.

Adaptando una rueda al encoder, se pueden medir desplazamientos lineales. Este sistema se utiliza para medir la velocidad de un rodillo, y la longitud de un producto, por ejemplo.

Hay encoders de posición absoluta, es decir que indican siempre la posición concreta del objeto móvil, y encoders de posisión relativa o incrementales, que indican los pasos en cada sentido. En el segundo caso, si la máquina trabaja con posiciones absolutas (como el caso de una impresora) y un encoder relativo, es necesario que la máquina cuente con un sistema para conocer su posición exacta. Normalmente, se monta un sensor en un extremo, conocido como posición cero o de origen, y al arrancar la máquina desplaza la pieza hasta encontrar este punto, colocando un contador interno a cero, y sumando y restando los pasos del encoder que se desplaza en cada sentido. En el caso de que el encoder se utilice para medir velocidades o desplazamientos lineales de productos, normalmente no se necesita conocer la posición absoluta.

A la izquierda aparece un encoder estándar, el segundo lleva montada una rueda para medir desplazamiento lineal, el tercero es un encoder lineal. A la derecha vemos dos ruedas ópticas, la superior solamente utiliza dos pistas para indicar el número de pasos y el sentido, mientras que la inferior permite conocer la posición absoluta, al tener cada paso una codificación única de siete pistas.

A veces podemos encontrar un sistema parecido al encoder, aunque más simple, que consiste en colocar un sensor de proximidad inductivo frente a una corona dentada, con lo que cada diente generará un impulso en el sensor, y a través del autómata podemos procesar la velocidad de giro o la distancia recorrida. Este es el sistema normalmente utilizado para el cuentarrevoluciones de los vehículos automóviles. Resulta más económico que el encoder, aunque no sería válido si necesitamos conocer el sentido de giro.

Tacodinamo

La *tacodinamo* es un pequeño generador, que aumenta su tensión en función de su velocidad. Se utiliza para medir velocidades, de una forma más simple que con encoders, al no necesitar procesar la información digitalmente.

Normalmente, estos dispositivos no son más que pequeños motores de corriente continua conectados como un generador. Suelen ser motores con imán fijo y rotor con escobillas.

Resolver

El resolver es otro tipo de sensor giratorio. Su funcionamiento es algo más complejo. Dispone de tres bobinados, un primario fijo, y dos secundarios montados en el rotor y desfasados 90° entre sí. El bobinado fijo es alimentado con corriente alterna, y los secundarios generan dos corrientes desfasadas. La salida varía según la posición angular del eje, y al ser señales analógicas, disponemos de una resolución infinita. Para conseguir una resolución muy alta con un encoder, deberíamos montar un disco con una enorme cantidad de bandas, por lo que tendría un diámetro desproporcionado, además de tener la necesidad de montar un sensor por cada banda. Por esto, se utilizan resolvers cuando se necesita mayor precisión.

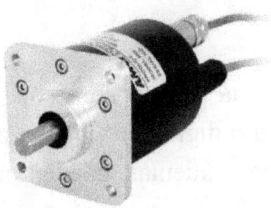

Acelerómetros

Se trata de sensores que miden la aceleración y la vibración. En la imagen vemos tres modelos de *acelerómetros* industriales, y a la derecha un modelo de chip, que es el alma de estos sensores. Podemos encontrarlos en cualquier lugar, desde teléfonos móviles hasta robots.

Sensores de vibración

Se trata de acelerómetros que están diseñados específicamente para las medidas de vibración. Se utilizan principalmente para medir vibraciones en maquinaria y prevenir así las averías (mantenimiento predictivo), y en sistemas de alarma.

En la imagen vemos un sensor de vibración por lámina piezoeléctrica, en segundo lugar el mismo tipo de sensor unido a una masa para aumentar la vibración, y a la derecha observamos un sensor ya encapsulado para su uso industrial.

Inclinómetros

Los inclinómetros convierten la inclinación del sensor en corriente eléctrica. Entregan una señal analógica o digital en función de su inclinación, pudiendo medir además un eje o los dos. Además, pueden medir hasta 360° en los ejes X e Y.

Vemos, a la izquierda, un inclinómetro encapsulado en un chip, similar al que incorporan muchos teléfonos móviles o tabletas. En el centro aparece un modelo encapsulado y con cable, y a la derecha otro más robusto y con conector.

Los sensores de par son células de garga que miden la torsión en un eje. Se intercalan en este eje, para captar la fuerza de torsión. Existen dos tipos, los estáticos, que giran con el eje, y los dinámicos, que tienen el sensor alojado en un eje giratorio, y transmite la señal a una parte fija mediante escobillas.

A la izquierda vemos un sensor de par dinámico, y en el centro y la derecha dos tipos de sensores estáticos.

Sensores de presión

Se trata de sensores que miden la presión de un fluído líquido o gaseoso, y entregan una señal proporcional a su valor. Encontramos dos tipos, los absolutos y los relativos. Los absolutos disponen de una toma para el fluído, y captan la presión ejercida por el fluído, y los relativos miden la diferencia de presión entre dos tomas. Existen multitud de modelos, en función del fluído a medir, precisión, rangos, etc.

A la izquierda vemos un sensor de presión absoluta encapsulado, con conector DIN, en el centro otro modelo similar con cable, y a la derecha aparece un sensor de presión relativa sin encapsular, utilizado en electrónica, muy habitual en pequeñas máquinas, como envasadoras al vacío.

Cualquier máquina automática necesita convertir la energía o la información recibida en una acción. Las acciones físicas son ejercidas por los actuadores. Existen actuadores para realizar prácticamente cualquier acción física, como movimientos giratorios, apertura o cierre del paso de fluídos, calentamiento de un objeto, etc.

Vamos a ver los actuadores más comunes en la industria.

Motores AC y DC

Hemos visto anteriormente como funciona un motor de forma esquemática. Vamos a estudiarlos un poco más a fondo, dado que los motores son los actuadores más habituales en la industria. Básicamente, habíamos comentado que un motor transforma la electricidad en un campo electromagnético, y éste hace girar a su vez a un eje. Según la corriente aplicada, podemos clasificar los motores en dos grandes grupos: motores de corriente continua y motores de corriente alterna. Veamos sus características:

1) Motores de corriente continua.

Los motores de CC (o DC por sus siglas en inglés) se alimentan con corriente continua, de modo que el campo magnético que generan sus bobinados es fijo. Con un campo magnético fijo no se produce movimiento, de modo que es necesario que ese campo varíe. Esto se consigue mediante un colector que recibe corriente mediante escobillas. Este colector está dividido en varios polos conectados a diversos bobinados del rotor, de modo que al aplicar tensión, el bobinado se desplaza algunos grados, suficientes para que las escobillas se desplacen de un polo del colector hasta el siguiente, creándose un nuevo campo magnético que hará girar el rotor algunos grados más. Así se encadenan los movimientos, convirtiéndolos en un giro continuo. Al invertir la polaridad, se invierte también el sentido de giro.

Dentro de los motores DC encontramos dos tipos, con imán permanente y con devanado de campo. En el primer caso, el estator, que es el la parte fija del motor, tiene un campo magnético fijo creado por un imán permanente. El segundo tipo tiene un bobinado que se convierte en un electroimán al aplicarle tensión. Los motores con imán permanente se utilizan en pequeñas máquinas y electrodomésticos de muy poca potencia o portátiles. En el resto de casos, se obtienen mejores resultados y mayor control con un devanado de campo.

En la imagen de la izquierda vemos un pequeño motor de imán permanente. Las otras dos imágenes corresponden a motores con devanado de campo de distintas potencias.

Los motores de corriente continua fueron muy utilizados en el pasado para aplicaciones industriales, puesto que permitían variar la velocidad de forma fácil y económica. Simplemente variando la tensión de alimentación del rotor se modificaba la velocidad, y cambiando la tensión del estator se regulaba el par máximo de fuerza. De este modo, simplemente con potenciómetros o reóstatos se conseguía un gran control sobre los motores. Actualmente, se siguen usando estos sistemas en máquinas-herramientas, como taladradoras, sierras radiales, caladoras, etc., porque permiten variar la velocidad sin montar dispositivos voluminosos. Sin embargo, en la industria se han adoptado los motores de corriente alterna con variadores de frecuencia, porque permiten mayor control y rendimiento.

2)   Motores de corriente alterna

Existen varios tipos de motor de corriente alterna, pero nos vamos a centrar en los asíncronos de jaula de ardilla, que son la inmensa mayoría de los que encontramos en la industria.

Los motores de este tipo disponen de tres bobinados para ser conectados a corriente alterna trifásica, aunque también pueden alimentarse con corriente monofásica, intercalando un condensador, que crea una tercera fase retrasando la corriente.

El funcionamiento de este motor es muy sencillo. El rotor dispone de unas varillas de metal magnetizable (con forma de jaula de ardilla) y está relleno de aluminio, que es insensible a los campos magnéticos. El estator está formado por bobinados que generan campos magnéticos que se desplazan en función del sentido en que circule la corriente de las fases en cada momento. Este campo magnético carga las varillas del rotor, y una vez cargadas son repelidas por el mismo polo, al haberse invertido su fase, de modo que el rotor se desplaza. Las varillas invierten su campo magnético y son vueltas a cargar continuamente, de modo que el movimiento se transforma en una rotación continua. Para entenderlo mejor, puedes encontrar cientos de videos y animaciones en internet.

La velocidad de giro del motor depende de la frecuencia de la corriente, puesto que el movimiento se produce por las variaciones de ciclo. De este modo, el motor tendrá una velocidad fija según la frecuencia de la corriente de alimentación. Para hacer motores más rápidos o lentos, los fabricantes los diseñan con mayor o menor número de polos, de modo que en cada ciclo pueden avanzar más o menos grados. Así encontramos motores de distintas velocidades para una misma frecuencia. Como la velocidad nominal del motor es fija, si queremos variar su velocidad debemos modificar la frecuencia de la corriente de alimentación.

Hay varias características importantes que debemos conocer sobre los motores AC. Estas características deben estar siempre impresas en una placa fijada sobre el motor. Las más importantes son la potencia (en kW o CV), tensión (en V) e intensidad (en A) tanto en estrella(Y) como en triángulo (Δ), frecuencia (en Hz), velocidad (en RPM), factor de potencia (cosφ). Otras características menos comunes son el rendimiento (η), deslizamiento(s), clase de aislamiento (IP), que en algunas aplicaciones es necesario tener en cuenta.

Motores paso a paso (PAP) o brushless

Los *motores paso a paso*, también llamados *brushless* porque no utilizan escobillas, constan de una combinación de imán permanente en el rotor, y varias bobinas en el estator. Cuando se aplica corriente continua a estas bobinas, el motor se desplaza hasta una posición fija. El movimiento rotativo se consigue aplicando tensión secuencialmente a cada bobina, mediante un controlador electrónico. El controlador puede detenerse en cualquier punto, quedando el motor alineado en la posición deseada. Este sistema permite movimientos de precisión, conociendo en todo momento la posición angular del eje.

Los motores PAP se utilizan en maquinaria de precisión, y en electrodomésticos como impresoras o escáneres. También se utilizan como sustitutos de pequeños motores DC, porque al no tener escobillas se minimiza el desgaste y mantenimiento.

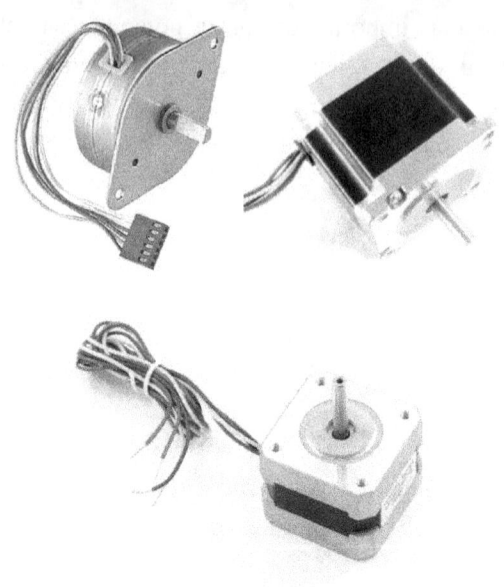

Un *servomotor* es un motor de corriente continua que incorpora un sensor para conocer su posición o velocidad. También puede incorporar un engranaje para disminuir su velocidad y aumentar su fuerza. Los servomotores con encoder absoluto pueden detenerse en cualquier posición deseada, utilizándose para regular el ángulo de la luz de los faros de un coche, por ejemplo. También permiten hacer movimientos precisos de un elemento móvil de una máquina. Existen servomotores de pequeño tamaño, que incorporan un circuito electrónico que interpreta una señal entregada, haciendo girar el motor hasta una posición concreta. En la industria es más habitual que el servomotor solamente incorpore el motor y el encoder, siendo un regulador externo el que procese la información.

En primer lugar, vemos un servomotor industrial, con las conexiones para el encoder separadas de las de alimentación. En el centro se observa un servomotor utilizado en pequeñas máquinas, y en tercer lugar aparece un servomotor con tres accesorios, utilizado en modelismo, por ejemplo, para regular la dirección de un vehículo.

Actuador lineal o motor lineal

Se trata de un motor engranado a un vástago, que se desplaza en sentido lineal. Suelen ser motores DC, de modo que al invertir la polaridad el vástago se desplaza en sentido contrario.

Resistencias calefactoras

Cuando un conductor es atravesado por una corriente, parte de la energía se desprende en forma de calor. Este efecto es poco deseado en la transmisión de corriente, pero puede ser muy útil si lo que queremos es generar calor. Esto se consigue con materiales que soportan el paso de mucha corriente sin llegar a fundirse. Las resistencias de calentamiento se fabrican con hilo muy resistente, como la aleación níquel-cromo, que permite que ser atravesado por la corriente hasta ponerse al rojo vivo sin fundirse. Para que este hilo quede aislado eléctricamente, se hace pasar por elementos aislantes que soportan altas temperaturas, como la cerámica o la mica. Normalmente, estas resistencias llevan una protección metálica exterior. Podemos ver el sistema más simple de resistencia observando un tostador o un secador de pelo. Veremos que tienen un hilo arrollado sobre placas de mica, que se pone incandescente al conectarlos a la corriente eléctrica.

Existen miles de tipos de resistencias, incluso muchas empresas que se dedican a fabricarlas a medida. Todas se basan en el mismo principio, aunque pueden variar los materiales, según el entorno donde se van a instalar, el aislamiento. Las características más importantes a tener en cuenta son su tensión nominal, potencia consumida y forma.

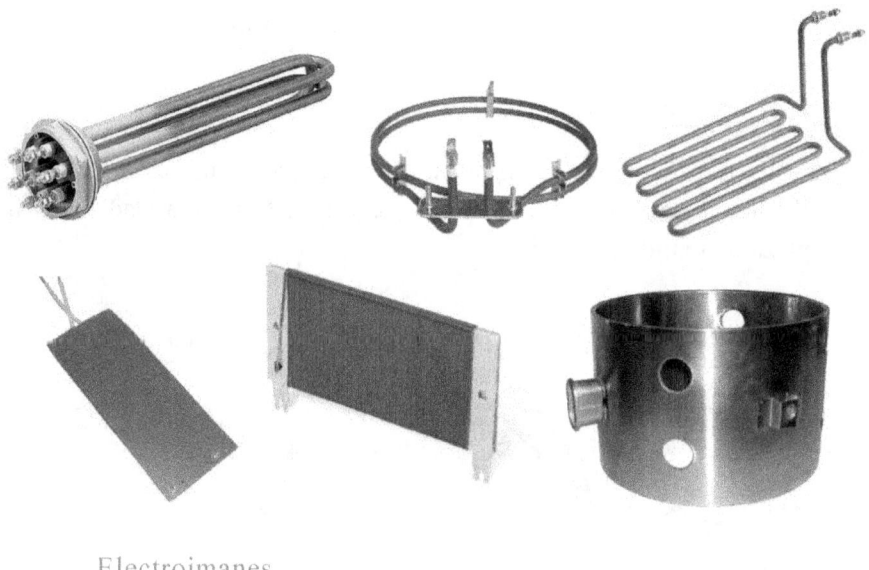

Electroimanes

Existen varios tipos de *electroimanes* utilizados en la industria. Los más utilizados son los *actuadores lineales magnéticos*, formados por un electroimán que desplaza un vástago, y los *electroimanes de retención*, que son capaces de mantener firmemente sujeta una pieza de hierro.

A la izquierda vemos un actuador lineal magnético, y a la derecha un electroimán de retención.

Vibradores electromagnéticos

Estos elementos son electroimanes que disponen de una parte móvil y otra fija, unidos por unas láminas flexibles. Al aplicar corriente alterna, el electroimán hace que la parte móvil sea atraída y repelida en cada semiciclo de la corriente.

Estos dispositivos suelen encontrarse en sistemas de transporte de productos alimentarios, como granos de cereales y productos sólidos, o minerales, por ejemplo. La ventaja de carriles vibradores sobre las cintas transportadoras, es que los primeros tienen elementos más fáciles de limpiar, además de que la vibración evita que los productos se apelmacen.

Electroválvulas

Este tipo de actuador permite abrir o cerrar el paso de un fluido. Funcionan mediante un *solenoide* o bobina que crea un campo magnético capaz de desplazar una válvula. Pueden ser de tipo proporcional, si permiten regular la apertura del paso del fluido; absoluto, si su función es abrir y cerrar; monoestables, si al aplicar tensión se ponen en un estado y al cesar la corriente vuelven a su estado anterior; biestables, si al aplicar tensión se desplazan, y al cesar la corriente se mantienen en el mismo estado. Las electroválvulas se utilizan con cualquier tipo de fluido, aunque su fabricación será distinta. Por ejemplo, para aceite hidráulico, debe soportar una presión muy alta. Además, algunos fluidos reaccionan químicamente con los sellos de goma, por lo que no es recomendable montar electroválvulas que no estén concebidas para el fluido con el que van a trabajar.

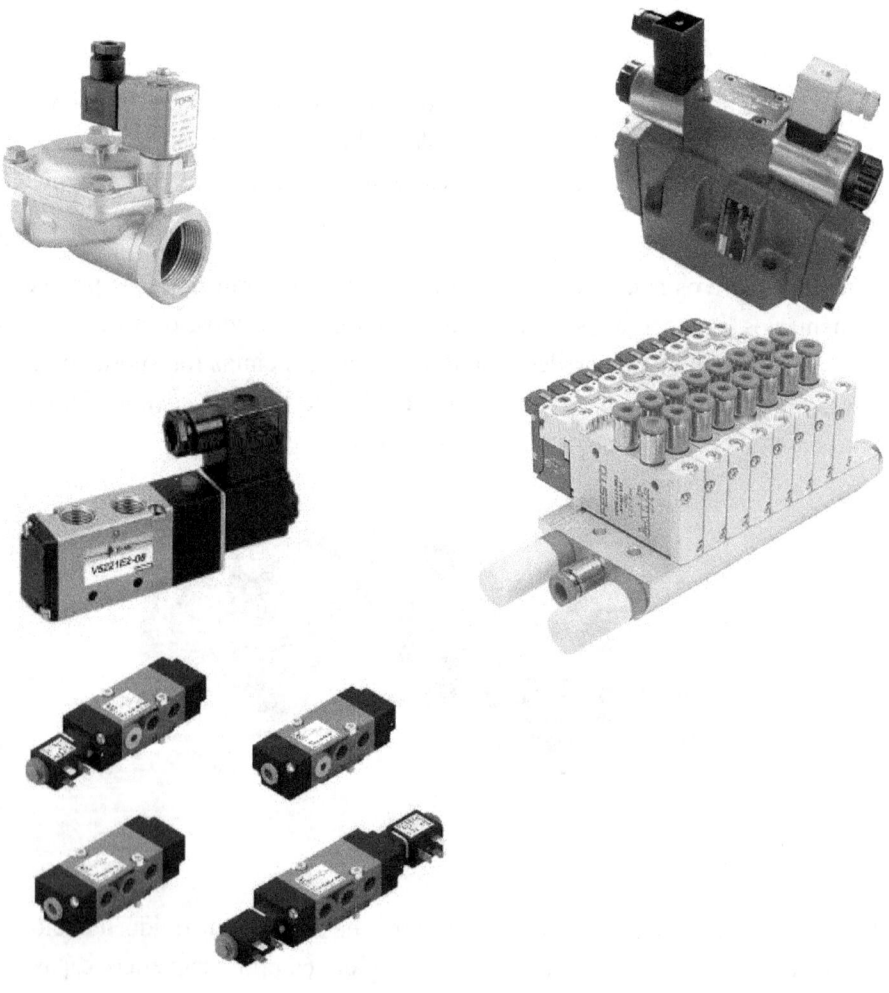

En las imágenes podemos ver, en primer lugar, una electroválvula de corte de agua o gas. En segundo lugar, una electroválvula para fluido oleohidráulico. En tercer lugar vemos una electroválvula neumática, para aire comprimido. En cuarto lugar aparece una isla de válvulas neumáticas, que permite alojar múltiples válvulas en poco espacio y con una sola toma de aire común. Finalmente apreciamos cuatro combinaciones de electroválvulas modulares, pudiendo intercambiar las partes para modificar sus características.

(f) Autómatas programables o PLC

Los controladores lógicos programables (PLC por sus siglas en inglés) o *autómatas*, son ordenadores que se comunican con elementos de entrada, como sensores e interruptores, elementos de salida, como actuadores, de maniobra, como contactores y relés, y con elementos HMI.

Los modelos más sencillos son denominados a veces como relés programables, puesto que solamente permiten realizar maniobras sencillas con varios relés y temporizadores virtuales. Los sistemas más sofisticados, permiten interconectar la mayor parte de elementos de la máquina entre sí, e incluso interconectarla con otras máquinas o sistemas remotos a través de una red local o internet. Los ordenadores industriales y muchas pantallas táctiles son autómatas, siempre que dispongan de entradas y salidas con las que interactuar con otros elementos.

Un autómata nuevo no ejecuta ninguna acción. Es necesario introducir un programa que le dé unas órdenes. Este programa puede hacerse directamente, mediante los botones y la pantalla integrada, o de forma remota, con un ordenador. En este programa se definen las acciones que debe llevar a cabo el PLC, en función de la información recibida a través de sus entradas, de modo que se utiliza la lógica para determinar la reacción que debe seguir a cada acción. Por ejemplo, podemos conectar un pulsador a una entrada, un interruptor de final de carrera a otra, y una lámpara a una salida. Después podemos hacer un programa que active la salida cuando la entrada del pulsador esté activada, y la del final de carrera desactivada. Así, cuando activemos el pulsador, la luz se encenderá si no está activado el final de carrera. Estas acciones se pueden desarrollar y complicarse enormemente, cuando cada acción contempla un buen número de condiciones.

En la imagen puedes ver distintos tipos de autómata, modulares, compactos, con pantalla y pulsadores integrados, etc.

Para que el autómata interprete las órdenes programadas y que podamos intercomunicarnos con él, se utilizan los lenguajes de programación, que son comandos definidos por el fabricante, que tanto nosotros como el autómata podemos interpretar. Existen varios lenguajes, al principio tantos como fabricantes de PLC, aunque se han ido estandarizando, y casi todos los fabricantes ofrecen aplicaciones informáticas con intérpretes de varios lenguajes, así podemos programar el mismo PLC con distintos lenguajes. En el caso de los PLC más básicos o relés programables, suele seguir utilizándose un lenguaje propio.

Un autómata es un elemento muy robusto y resistente, por lo que es raro que se averíe internamente. Para diagnosticar un problema, podemos utilizar dos sistemas. El primero consiste en medir las entradas y salidas, para ver si las señales entran y salen correctamente. El otro es conectar un ordenador, de modo que se pueden visualizar los comandos de forma esquemática, para ver así dónde se produce la anomalía. Los dos sistemas son válidos, y depende de la situación será recomendable una alternativa u otra.

Los PLC pueden tener distintos tipos de entradas y salidas. Las entradas normalmente tienen una tensión nominal, de 24Vdc, 110Vac, 230Vac, etc. Cuando se aplique su tensión nominal a una entrada, ésta se interpretará como activa o 1 por el autómata. Las salidas pueden ser a relé o de estado sólido. En las de relé, es necesario alimentar un contacto para que proporcione tensión al otro. En algunos PLC, se usa una entrada común que alimenta a todos los relés o a un grupo de ellos, de modo que todas las salidas tendrán la misma tensión. Otros disponen de relés aislados, para poder conectar distintos circuitos o distintas tensiones a cada uno. Los PLC con salidas de estado sólido, suelen entregar una tensión de 24Vdc con poca intensidad, capaz de alimentar relés de poca potencia o entregar señales a otros equipos electrónicos. Para conectar un contactor, por ejemplo, será necesario intercalar un relé.

No vamos a profundizar más en el tema, porque es probable que no necesites trabajar con autómatas en un futuro inmediato. A pesar de todo, te recomiendo que te documentes conforme vayas tomando contacto con ellos. La documentación disponible en la red es infinita. Puedes encontrar videotutoriales, esquemas, manuales, ejemplos de programas, etc.

Un regulador es un autómata especializado en una función concreta. Incorpora entradas y salidas, y normalmente también incluye elementos de maniobra. Cuando un equipo trabaja ejecutando una acción independientemente del estado de su carga, denominamos al circuito como de *lazo abierto*. En el caso de que la carga tenga un elemento que proporcione información de *retroalimentación* al autómata, denominaremos al circuito de *lazo cerrado*.

Veamos algunos ejemplos.

Temperatura

Los *reguladores de temperatura* reciben información de un elemento que capta la temperatura en tiempo real de un sólido o fluido. Posteriormente procesan esta información y activan un elemento de maniobra que puede ser un relé o un SSR, alimentando a una resistencia calefactora o un dispositivo de enfriamiento. Estos reguladores trabajan siempre en modo de *lazo cerrado*, activando o desactivando la salida en función de la temperatura real.

Su función es muy similar a la de un termostato, pero suelen incorporar funciones avanzadas, como visualización de la temperatura real, salidas de alarma, regulación de la *histéresis*, etc.

La temperatura medida por el sensor puede no ser la misma que la del elemento calefactor, por lo que puede aparecer una *inercia térmica* que alcance una temperatura no deseada. Por ejemplo, en un horno, el sensor mide la temperatura del aire, como la resistencia está mucho más caliente que el aire, cuando alcanza la temperatura indicada, sigue desprendiendo calor, que hará que la temperatura del aire sea algo mayor que la establecida. Para evitar este efecto, los sistemas más avanzados incorporan un sistema llamado PID (Proporcional, Integral y Derivada), que son parámetros configurables que indican la forma de la curva de calentamiento, de modo que, cuando la máquina está alcanzando la temperatura programada, desconectan la salida para ralentizar el calentamiento o enfriamiento, después van activando y desactivando la salida para que la temperatura sea exacta. De este modo se aumenta la precisión, que es crítica en algunas aplicaciones.

Normalmente, los reguladores de temperatura admiten uno o varios tipos de sensor. Los más habituales son los termopares, PTC y NTC. Algunos también admiten señales normalizadas 1-10V, o 4-20mA, para recibir la información de otro equipo electrónico, pudiendo de esta forma montar reguladores a gran distancia de los sensores, o incluso conectar en paralelo varios reguladores con un solo sensor.

Comentaremos también otra función muy habitual en equipos de refrigeración, como cámaras frigoríficas. Es la función de *desescarche*. El regulador se programa para que periódicamente se detenga el enfriamiento y se active una resistencia, para derretir la escarcha que se haya podido formar en el radiador del *evaporador*.

Velocidad

En múltiples aplicaciones, los motores deben alterar su velocidad. Dependiendo del tipo de motor, el sistema empleado será distinto.

Vemos un regulador para servomotores en primer lugar, después dos pequeños variadores de frecuencia o inversores, y en cuarto lugar un variador de frecuencia de gran tamaño, para motores de alta potencia. Finalmente, se observa un regulador para motores DC.

Los variadores de velocidad de cualquier tipo tienen un funcionamiento similar. Utilizan un circuito de entrada que convierte la corriente alterna de alimentación en corriente continua. Después, un circuito electrónico regula unos semiconductores similares a los contenidos en los SSR, para generar una señal adecuada para el motor. En el caso de los servomotores y de los motores paso a paso, entregará impulsos con la forma correcta a cada bobinado. En los variadores de frecuencia, generará una corriente alterna trifásica con una frecuencia proporcional a la velocidad. Como generan corriente continua y después vuelven a general corriente alterna, también son conocidos como *inversores* o *inverters*. En el caso de los reguladores de corriente continua, simplemente transforman la corriente continua en otra de mayor o menor tensión.

Los variadores de frecuencia no necesitan trabajar en lazo cerrado, porque la velocidad será exacta en función de la frecuencia entregada. A pesar de todo, se pueden conectar dispositivos de entrada para conseguir que la velocidad varíe de forma automática, o controlada desde un autómata, o simplemente para regularla manualmente mediante un potenciómetro.

En los casos de los servomotores y los motores DC, sí es necesario montar un sistema de lazo cerrado, para conocer en todo momento la posición o la velocidad del motor. El regulador será el que interprete estos datos y modifique la salida en consecuencia.

En los variadores de velocidad más modernos, podemos configurar casi cualquier parámetro, de modo que el mismo equipo sirve para distintos tipos de motor, además de integrar las protecciones contra sobrecargas, corte de fase, etc.

Si quieres conocer a estos equipos más a fondo, cada fabricante suele tener mucha documentación técnica en su web para que conozcas el lenguaje propio, además de los manuales de uso y configuración, para que tomes contacto con su funcionamiento. Después, cada modelo tiene sus particularidades, así que lo mejor es siempre tener su manual cerca.

Arrancadores suaves

El arrancador suave es un variador de velocidad compacto, con algunas funciones básicas, destinadas únicamente a que el motor arranque progresivamente hasta alcanzar su velocidad nominal.

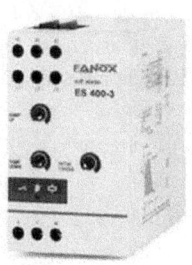 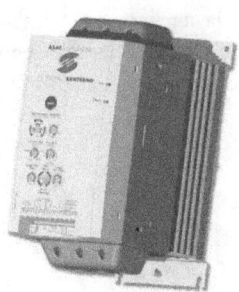

Como se aprecia en la imagen, dispone de las conexiones básicas y pocas opciones de configuración, que suelen usarse para ajustar la rampa de velocidad.

En muchas aplicaciones, necesitamos capturar señales que no son compatibles con el dispositivo que las va a procesar. Por ejemplo, podemos tener un termopar para medir la temperatura de un horno, y queremos monitorizarla desde el autómata. Para estos casos se utilizan los conversores de señal. Existen modelos para una gran variedad de aplicaciones. Siguiendo con el ejemplo, podríamos conectar nuestro termopar a un transductor que convirtiese su señal de algunos mV en una señal 0-10V, reconocible por el PLC. Además, los conversores también suelen incorporar elementos de aislamiento, para separar físicamente la entrada de la salida, aumentando la protección.

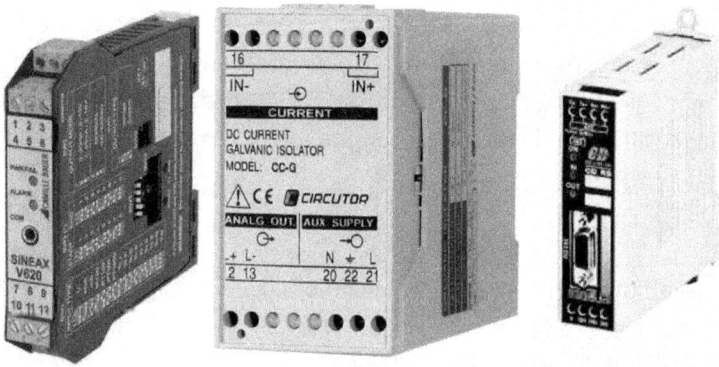

La primera imagen corresponde a un conversor de temperatura, que admite 16 tipos de sensor o señal de entrada y la convierte a señales normalizadas de 0-10V o 4-20mA. El segundo conversor simplemente aísla las señales de entrada y salida, así que su función es de protección. El tercero es un conversor de señal RS-232 a RS485/RS422.

(i) Luminarias

Aunque las luminarias son actuadores, las trataremos en un apartado distinto. Básicamente, una luminaria convierte la electricidad en luz visible, con el objetivo de iluminar una zona o estancia, por tanto quedan excluidos los pilotos de señalización o focos de luz infrarroja o ultravioleta. Vamos a ver de forma muy breve los distintos tipos de luminarias, para que tengas unas nociones que te ayuden a identificarlas y comprenderlas.

Lámparas incandescentes

Los modelos más simples son las lámparas incandescentes, que simplemente disponen de un filamento que se calienta hasta ponerse incandescente, de forma similar a una resistencia, convirtiendo una parte de la corriente en luz, y otra parte mucho mayor en calor. El aire del interior de la lámpara es extraído para que no exista oxígeno que ayude a quemar el filamento.

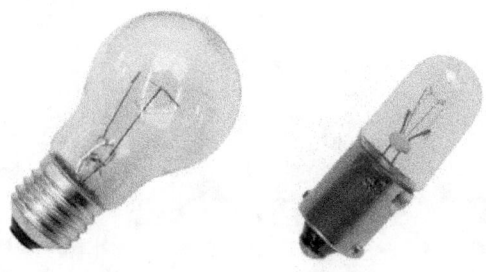

Este sistema ha sido utilizado durante más de un siglo, pero gracias a la tecnología, se han conseguido sistemas que aprovechan mejor la energía, convirtiendo un mayor porcentaje de la corriente en luz, y minimizando así las pérdidas en forma de calor.

Lámparas halógenas

Este tipo de lámparas apenas difiere del anterior, con la salvedad de que se ha añadido un gas al interior de la lámpara para que el filamento pueda alcanzar mayores temperaturas sin quemarse. Además, el vidrio utilizado tiene una composición que soporta mayores temperaturas, normalmente a base de cuarzo. Por este motivo, no se debe tocar con los dedos, sino utilizando papel, cartón, o telas libres de grasas, para evitar que al conectarla a la tensión se funda. Estas lámparas consiguen mayor nivel de luz con la misma potencia que las incandescentes simples.

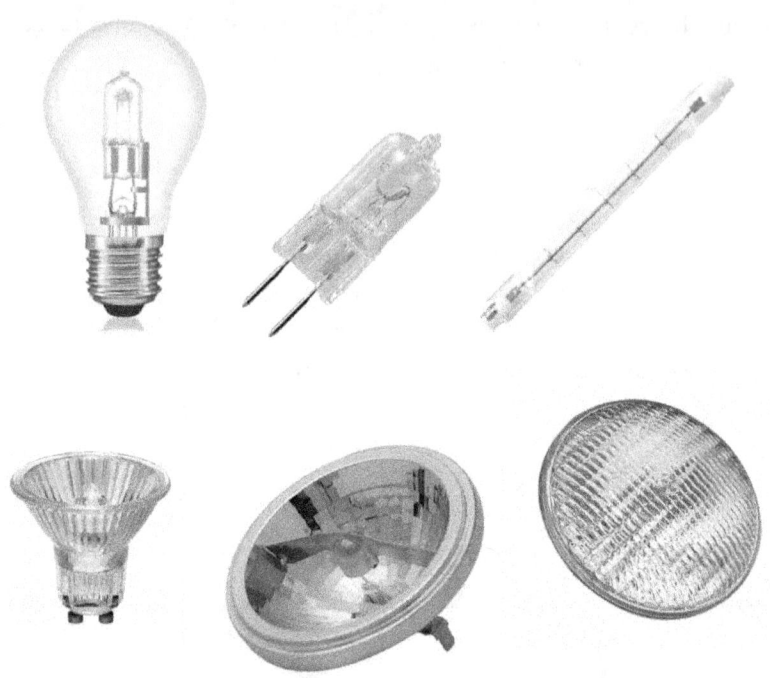

En las imágenes podemos ver distintos tipos de lámparas halógenas.

Lámparas fluorescentes

Las lámparas fluorescentes basan su funcionamiento en una descarga de electrones que se desplazan de un electrodo a otro a través de un gas. Para conseguir que se inicie esta descarga, la tensión aplicada debe ser mayor que la tensión de aislamiento del gas. Esto se consigue mediante el uso de una *reactancia* o *balastro*, que genera picos de más de mil voltios, permitiendo que los electrones venzan la resistencia del gas y se produzca el paso de la corriente. Una vez que el gas es traspasado por la corriente, éste se ioniza disminuyendo su resistencia de aislamiento, por lo que no es necesario aplicar tanta tensión. El conmutado entre la descarga de alta tensión y el régimen a tensión nominal se llama cebado, y lo realiza un *cebador*, que es una lámpara que separa sus contactos al calentarse, de modo que solo deja pasar corriente durante un tiempo breve a través de la reactancia. El tubo de vidrio tiene sus pareces recubiertas por elementos fosforescentes, que se iluminan al ser atravesados por los electrones. Dependiendo del tipo de fósforo variará también el color de la luz.

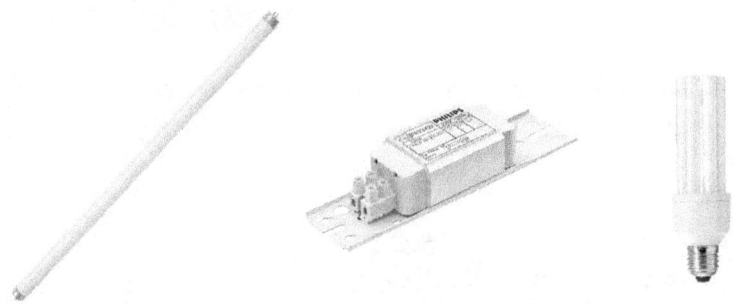

En la imagen vemos un tubo fluorescente y una reactancia electromagnética, que no es más que una bobina. A la derecha aparece una lámpara fluorescente compacta, que difiere en la forma y en su funcionamiento, puesto que el cebador y la reactancia han sido sustituidos por un circuito electrónico, que optimiza el rendimiento y el consumo, por eso son llamadas también de lámparas de bajo consumo. También existen balastros electrónicos para los fluorescentes estándar, incluso los hay regulables, que permiten regular el nivel de iluminación.

Lámparas de vapor de sodio de baja presión

Este tipo de lámpara es muy similar a la anterior, aunque la composición del gas varía, al usarse vapor de sodio a baja presión. De todos los tipos de luz de descarga, este es el que menos consume. Sin embargo, el color de la luz es amarillento, siendo bastante deficiente en la reproducción de colores. Se utiliza en carreteras y espacios exteriores donde es más importante el consumo que la calidad de la luz.

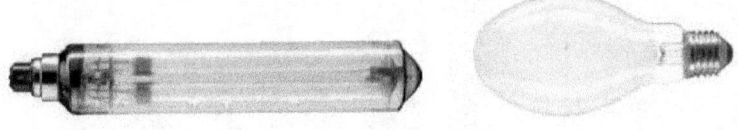

Estas lámparas deben alimentarse con sus reactancias apropiadas y un condensador. Su encendido es lento y progresivo, de modo que tardan varios minutos en alcanzar su nivel máximo de luz. Además, si se desconecta la alimentación, tardan un tiempo en reconectarse.

Lámparas de vapor de sodio de alta presión

Este tipo es casi idéntico al anterior, solo que el gas tiene mayor presión, con lo que se consigue una luz algo más blanca, a cambio de un mayor consumo.

Lámparas de vapor de mercurio

Estas lámparas disponen de vapor de mercurio en su interior. Requieren una reactancia especial para el arranque, y disponen de un arrancador incorporado. Su luz es casi blanca, y además se añaden fósforos de color para que se aproxime más al blanco.

Lámparas de luz mezcla

Este tipo de lámparas incorpora una lámpara de vapor de mercurio y un filamento normal, de modo que combina dos fuentes de luz. El filamento se enciende instantáneamente, mientras que la lámpara de descarga tiene un tiempo de encendido similar al de los tipos anteriores. No utiliza reactancia.

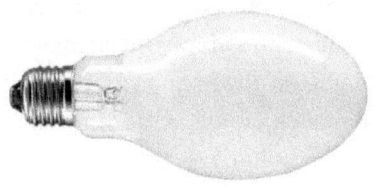

Su funcionamiento es similar a los anteriores. La diferencia radica en su contenido en aditivos metálicos que se vaporizan al calentarse la lámpara, produciendo una luz más blanca.

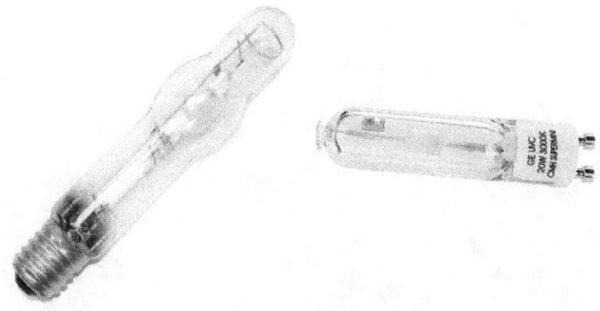

También utilizan una reactancia especial, y su encendido y reencendido son lentos. De todas las lámparas de descarga, ésta es la que mejor reproduce los colores, generando además luz ultravioleta.

Lámparas LED

Los diodos emisores de luz (LED por sus siglas en inglés), son elementos formados por un cristal de silicio, que al ser atravesado por una corriente continua emite luz. Este cristal de silicio se mezcla con otros elementos para modificar el color de la luz. Además, para conseguir el color blanco se utiliza un fósforo amarillo. Hasta hace pocos años, los LED se utilizaban como señalización en equipos electrónicos. Gracias al avance de esta tecnología, y sobre todo a la electrónica que los alimenta, se ha conseguido generar grandes cantidad de luz sin que aumente su temperatura peligrosamente. En los pocos años que llevan utilizándose los LED como elementos de iluminación, su avance ha sido muy rápido, gracias a que convierten casi toda la energía absorbida en luz, y solo una cantidad muy pequeña en calor. De este modo, se ha convertido en la fuente de luz con mayor rendimiento, siendo posible además utilizarlo en ambientes donde se deben evitar las altas temperaturas. Otra ventaja más es que son sólidos. El cristal de silicio va montado en una parábola metálica conectada a un terminal, y un pequeño hilo de oro le proporciona contacto eléctrico al otro terminal. El cuerpo del LED está sellado por resina transparente, de forma que el conjunto es muy compacto, soportando golpes y vibraciones sin problemas.

En las imágenes puedes ver un LED básico, y las diferentes formas en las que se combina para formar luminarias más potentes.

Ya es posible encontrar prácticamente cualquier tipo de lámpara incandescente fabricada con tecnología LED. Incluso se montan en circuitos flexibles, lo que permite formar tiras que pueden adaptarse a cualquier forma. Es previsible que este tipo de iluminación acabe haciéndose con todo el mercado, puesto que su precio continúa bajando, siendo cada vez más asequible.

Si lo piensas detenidamente, es más fácil para un electricista aprender conceptos sobre mecánica que al revés. Esto es fácil de comprender, puesto que la mecánica se basa en la combinación de elementos físicos que se pueden ver y tocar, y casi siempre se comprende su funcionamiento básico solamente observando. Sin embargo, la electricidad no se ve, así que hay que comprender muy bien su comportamiento teórico para poder trabajar con ella.

Vamos a ver en este capítulo algunos conceptos básicos sobre mecánica, porque un buen técnico de mantenimiento no puede trabajar solamente como mecánico, o electricista. Hace unos años era habitual que los equipos de mantenimiento estuviesen formados por especialistas de distintas áreas. Hoy en día, eso no es posible, sobre todo en las pequeñas y medianas empresas, donde es más viable un equipo reducido de técnicos multidisciplinares. Además, la electricidad, la mecánica y la electrónica se han fundido, así que cada vez se tiende más a sustituir los electricistas, mecánicos y electrónicos por los mecatrónicos, sobre todo en empresas con maquinaria muy avanzada. Si esperabas dedicarte al mantenimiento industrial en una sola de estas disciplinas, lo siento, tienes todos los números para pasar largas temporadas en paro. Pero si te gusta aprender continuamente, y afrontar los nuevos retos como oportunidades, vas a disfrutar mucho.

No vamos a profundizar demasiado en este tema, puesto que haría falta uno o varios libros más para desarrollarlo correctamente, por lo que veremos algunas pinceladas para que tengas unos conocimientos suficientes para arrancar. A partir de ahí, tendrás que ir formándote en los aspectos que vayas requiriendo.

(a) Transmisión del movimiento

Hemos visto ya los motores y otros sistemas electromecánicos, que transforman la electricidad en movimiento. Sin embargo, este movimiento no resulta aplicable directamente en un proceso industrial. A menudo hay que transformar este movimiento para realizar un proceso. Observemos en primer lugar los elementos más usuales en la transmisión de movimiento.

Los rodamientos son elementos que permiten el giro de un eje con el mínimo rozamiento y desgaste. Se comercializan infinidad de modelos, según las características del trabajo que deban realizar. Los más usuales son los rodamientos radiales de bolas.

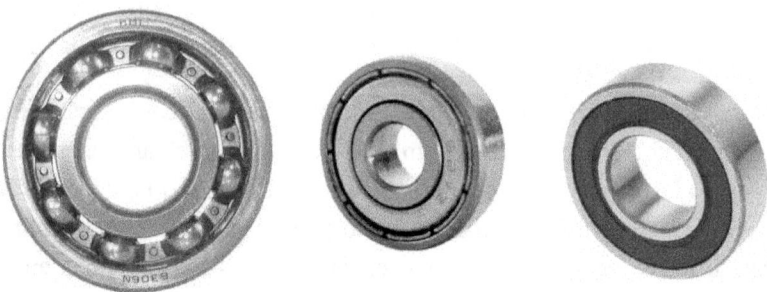

Como puedes ver en la imagen, el rodamiento consta de una pista interior y otra exterior. Entre las dos pistas se encuentra una serie de bolas, que ruedan entre las pistas permitiendo su giro. Para mantener las bolas separadas entre sí, y que no puedan rozar entre ellas se monta un separador llamado jaula. Finalmente, hay rodamientos que tienen unas tapas protectoras para evitar que el rodamiento pierda su grasa y le protege además de la suciedad.

Los rodamientos se fabrican con aceros de gran dureza, por dos motivos. El primero es que deben soportar fuertes cargas durante un largo periodo de tiempo. Además, gracias a esta dureza, las partes metálicas tienen una menor superficie en contacto, minimizando el desgaste.

El principal factor que reduce la vida de un rodamiento bien dimensionado e instalado es la lubricación incorrecta. Los rodamientos con tapas metálicas o plásticas, incorporan una cantidad de grasa de origen, y no deben ser rellenados nunca. Los que se encuentran abiertos, deben ser lubricados con grasa o aceite, según la situación. Por ejemplo, dentro de una caja reductora hay aceite que lubrica los rodamientos y los engranajes. En los casos donde el rodamiento no pueda estar continuamente bañado en aceite se utilizará grasa.

Vamos a ver otros tipos de rodamiento.

Rodamiento autoalineable con soporte reengrasable. Rodamiento oscilante de bolas. Rodamiento oscilante de rodillos. Rodamiento axial de rodillos cónicos. Rodamiento de rodillos de aguja. Rodamiento axial de bolas. Rodamiento axial de rodillos.

Este es un tema básico que debes conocer en mecánica, por lo que te recomiendo que investigues y te documentes. Los fabricantes más importantes de rodamientos tienen documentación técnica muy útil en sus webs. Es importante conocer los métodos de extracción y montaje de los rodamientos, para que seas capaz de cambiarlos sin esfuerzo y sin dañar los ejes ni alojamientos. Un rodamiento mal instalado o que sufra golpes fuertes y deformaciones durante el montaje tendrá una vida mucho más corta.

Engranajes

Los engranajes son mecanismos de transmisión de movimiento formados por varios elementos dentados, los cuales engranan sus dientes para transmitir el movimiento entre sí. Normalmente se utilizan para transmitir el movimiento en distintos ángulos o entre distintos ejes, y para modificar la velocidad y la fuerza de empuje. Al disminuir la velocidad utilizando un engranaje, aumenta la fuerza ejercida en el eje de salida, y viceversa.

Los lubricantes son compuestos utilizados para disminuir la fricción entre dos materiales en contacto. Para conseguirlo, forman una película en las superficies de los dos elementos, de modo que se interponen entre ellos, evitando todo o gran parte de este contacto. También rellenan las pequeñas irregularidades de los materiales, de modo que las superficies se vuelven más lisas disminuyendo la fricción. Las características de un lubricante dependen en gran medida del uso al que esté destinado. Por ejemplo, un lubricante para el motor de un vehículo de gasolina debe tener aditivos que despeguen y mantengan en suspensión las partículas de hollín que se producen. Además, debe soportar altas temperaturas. Los lubricantes se dividen en dos grandes grupos: aceites y grasas.

Los aceites se clasifican según el uso al que van destinados, su viscosidad, composición, etc. Así, encontramos aceites para motores diésel, motores de gasolina, engranajes, circuitos hidráulicos, compresores, bombas de vacío, etc. Dentro de cada tipo, dependiendo de la aplicación más concreta, los clasificamos según su viscosidad. El estándar utilizado es la norma ISO, de modo que un aceite ISO-46 es menos denso que un ISO-68, por ejemplo. Otro estándar muy extendido, sobre todo en automoción es el SAE. El tipo de aceite que se debe utilizar en cada caso vendrá recomendado por el fabricante del equipo. Cuando sea necesario tener en cuenta otros factores, como los aditivos, el fabricante recomendará el producto concreto. Por ejemplo, los fabricantes de automóviles utilizan códigos que los fabricantes de aceite indican en los envases, para verificar que el aceite cumple las recomendaciones concretas del fabricante del vehículo.

En el caso de las grasas, se clasifican según su espesante. Una grasa no es más que un aceite, al que se añade un jabón para espesarlo, y así se mantenga en el lugar donde se aplica, sin chorrear. Encontramos grasas con jabón de litio, de calcio, sodio, etc. Igual que con los aceites, cada fabricante recomienda los tipos de grasa compatibles con cada producto. También se clasifican según los usos específicos, como lubricación de rodamientos, antigripaje para montaje de tornillos y ejes (evita que las piezas se suelden por el calor y sobreesfuerzos), lubricación para altas temperaturas, altas velocidades, etc. La aplicación de las grasas suele realizarse de forma manual, untándola sobre la superficie a proteger, o mediante bombas de engrase, que pueden ser manuales, neumáticas, hidráulicas, o eléctricas. Éstas permiten introducir grasa a través de una válvula con gran presión, desplazando la grasa vieja hacia el exterior.

Al igual que en los aceites, las grasas también pueden contener aditivos para modificar sus características, como el grafito, cobre, aluminio, etc.

Retenes

Los retenes son un tipo de junta pensada para sellar un eje permitiéndole el giro. Se utilizan para evitar que el lubricante salga de un rodamiento o engranaje, y también que entre suciedad. Dependiendo del uso al que esté destinado, encontramos diferentes tipos y materiales.

Deben instalarse bien lubricados y con mucho cuidado de no dañar el labio. Puedes encontrar gran cantidad de información sobre los distintos tipos y su correcta manipulación. Te recomiendo echar un vistazo a los catálogos de cualquier fabricante. Algunos incluyen documentación técnica muy extensa. Respecto a cómo trabajar con ellos, te recomiendo ver algún videotutorial en YouTube.

En algunas máquinas podemos encontrar engranajes al aire, es decir dos o más coronas visibles y sin lubricar, o con algo de grasa o aceite. En partes con poco movimiento esto puede ser suficiente, pero en la industria es habitual utilizar engranajes que trabajan de forma intensiva. Con este fin se desarrollaron las cajas reductoras de velocidad, estandarizándose para facilitar su imlantación y mantenimiento. Una caja reductora consta de un engranaje montado con rodamientos, y retenes para impedir la salida del aceite que baña todas las piezas móviles. Los tipos más simples constan de un eje de entrada, al que se acopla el eje que tiene movimiento, como un motor, por ejemplo, y un eje de salida, que ataca al elemento que queremos mover. Cada eje lleva acoplada una corona, o directamente un dentado mecanizado sobre éste. Los dentados de ambos ejes quedan engranados. Con dentados de distintas formas y número de dientes se consigue que por cada vuelta de entrada, la salida gire a menor velocidad. El número de vueltas de la entrada respecto a la salida se conoce como relación de reducción, representada con la letra i, de modo que en una reductora i=1:10 el eje de entrada debe girar diez veces para que el de salida haga un giro completo.

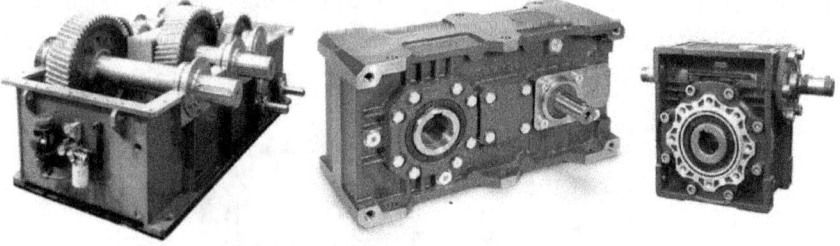

Para conseguir mayores relaciones de reducción y aumentar drásticamente la fuerza aplicada a la salida se utilizan reductores con mayor número de ejes. Loe ejes intermedios incorporan dos coronas con diferente número de dientes.

Algunas cajas reductoras contienen aceite que baña los distintos elementos mecánicos. Otras, sobre todo las de mayor tamaño, disponen de sistemas de lubricación forzada, con una bomba que empuja el aceite a través de tubos hasta las partes que requieren lubricación. Además, el aceite ayuda a disipar el calor producido por la fricción de los distintos elementos móviles. Las reductoras de menor tamaño disipan el calor al aire. Otros modelos disponen de intercambiadores de calor que refrigeran el aceite.

Existen tipos de reductoras que disponen de un volante que permite modificar la relación de reducción con la mano. Se utilizan en máquinas donde los ajustes no son bruscos ni frecuentes. En caso contrario es más práctico montar un variador de frecuencia y regular la velocidad del motor directamente.

Correas

Las *correas de transmisión* son elementos flexibles pero de gran resistencia, que permiten transmitir el movimiento de una polea a otra.

La transmisión del movimiento mediante correas presenta numerosas ventajas. Por ejemplo, permite que las dos poleas trabajen a distintas velocidades, simplemente combinando tamaños distintos. Así se evita en muchos casos el uso de engranajes. Otra ventaja es que en caso de sobreesfuerzo, la correa patina, evitando la rotura de elementos mecánicos. Si no interesa que se produzcan deslizamientos de la correa, por ejemplo para mantener las poleas sincronizadas, se usan correas y poleas dentadas.

La forma y composición de una correa varía según el uso al que esté destinada. Es posible fabricar correas con un desgaste mínimo y una enorme resistencia.

Cadenas

Las cadenas de transmisión son un sistema muy parecido al de correas. Se suele utilizar en casos donde se necesite transmitir una gran cantidad de energía. Presenta el inconveniente de necesitar lubricación, aunque existen cadenas que no la requieren, ya que utilizan casquillos de plástico muy resistentes al desgaste. El desgaste de las cadenas hace que se alarguen y deban tensarse varias veces a lo largo de su vida útil. Cuando el desgaste supera cierto nivel, el riesgo de rotura se multiplica, además de desgastarse los dientes de piñones y coronas, debido a que los rodillos de los eslabones montan sobre sus crestas. El principal punto donde se acentúa el desgaste es en los ejes de los eslabones. Además, en caso de lugares con alta humedad, los eslabones se oxidan y se sueldan entre sí, por lo que es esencial mantenerlos lubricados permanentemente.

Las transmisiones de cadena también permiten modificar la relación de velocidad al igual que las correas. El ejemplo más claro podemos observarlo en las bicicletas con varias marchas. Cambiando el número de dientes en una u otra corona modificamos la velocidad y el esfuerzo resultantes.

(b) Cintas transportadoras

Las cintas transportadoras son elementos que permiten desplazar un objeto o producto. Existe una infinidad de tipos que permite cubrir prácticamente cualquier necesidad según los productos a transportar (alimentos, áridos, piezas metálicas...), su dirección (recta, curva, ascendente, descendente, o distintas combinaciones), sus características (resistente a la tempertura, a productos químicos, para grandes cargas…), sus elementos constructivos (bandas, charnelas, cangilones, cadenas, rodillos, mallas…).

Básicamente, la mayoría de cintas tienen unos elementos comunes:

- Rodillo motriz o primario: Es el rodillo que transmite el movimiento a la cinta. Suele estar conectado a un motor o engranaje.
- Rodillo secundario: Suele montarse en el extremo que no tiene rodillo motriz. Permite el giro de la cinta, además de mantenerla tensa.

- Tensor: Estira la cinta para mantenerla tensa.
- Soportes intermedios: Según el tipo de cinta, ésta se deslizará sobre un material rígido, mediante rodillos intermedios, coronas, etc. Su misión es soportar el peso del producto transportado, así como mantener la forma de la cinta.

El modelo más simple de cinta consiste en un rodillo primario en un extremo conectado a un motor, un rodillo secundario en el extremo contrario, que también puede incorporar el tensor, y una banda cerrada.

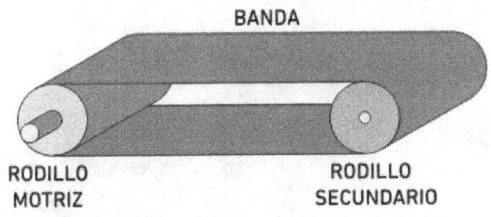

Fig. 12. Cinta transportadora básica

Los materiales y sistemas actuales permiten combinar elementos para crear cintas con formas muy diversas y altos grados de automatización. Es muy fácil añadir sensores y actuadores a lo largo de la cinta para medir, manipular, girar, y prácticamente hacer cualquier cosa con el producto transportado. Esto permite procesar los productos de forma continua, consiguiendo optimizar la producción.

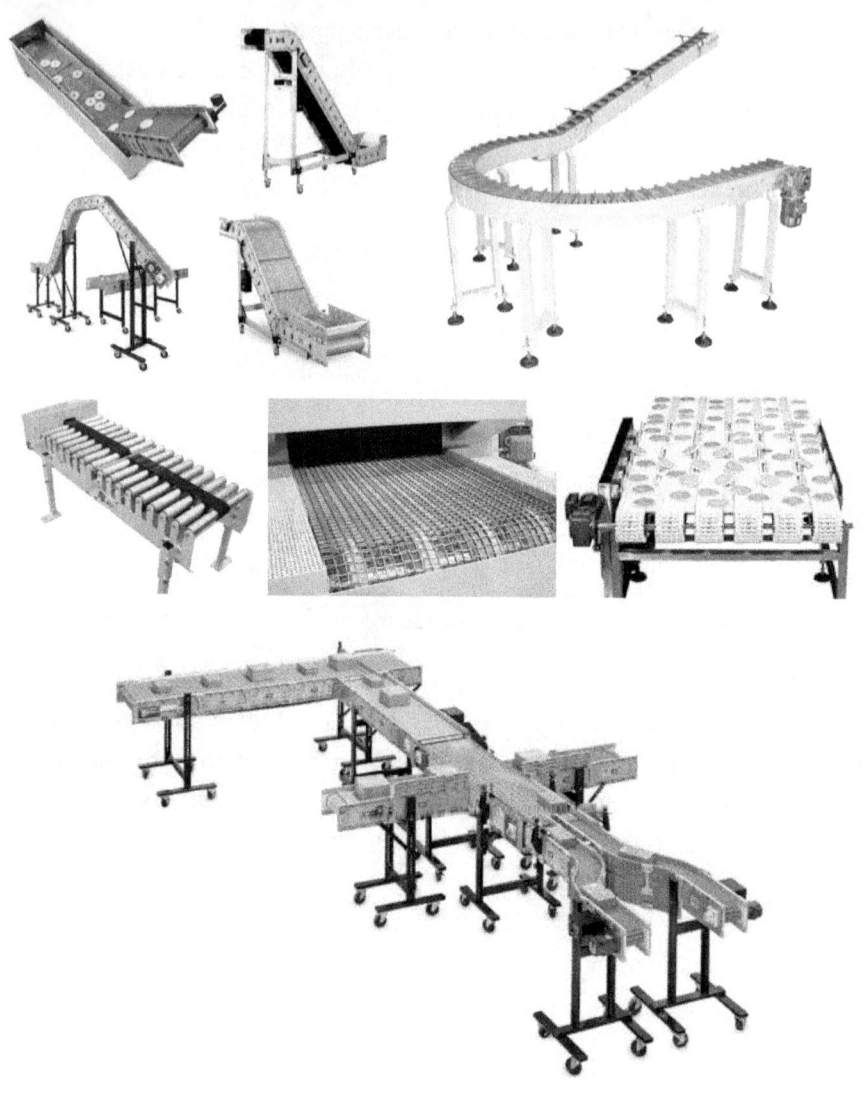

En la web puedes encontrar mucha información sobre cintas transportadoras, así como herramientas para diseñarlas y dimensionarlas.

Vamos a ver los elementos más importantes en neumática e hidráulica. El motivo de exponerlos de forma conjunta es su similitud en la construcción y el funcionamiento, si bien los componentes hidráulicos son más robustos, debido a las altas presiones de trabajo. Es muy fácil encontrar documentación bien expuesta y estructurada en internet, por lo que aquí solamente veremos los elementos más básicos, para que tengas una visión general y tú mismo puedas ampliar conocimientos conforme los vayas necesitando.

Debemos aclarar que cuando hablamos de hidráulica, deberíamos especificar que en realidad estamos refiriéndonos a la oleohidráulica, puesto que el prefijo hidro- se refiere al agua, y nosotros vamos a hablar de dispositivos accionados por aceite. Sin embargo, utilizaremos el término hidráulica, porque es el que se utiliza de forma coloquial, y lo importante es hacernos entender, aunque debes tener en cuenta que el término no es realmente correcto.

Los equipos neumáticos e hidráulicos se dividen en varios grandes grupos:

- *Generadores*: Proporcionan la presión necesaria para que el fluido pueda accionar un elemento.
- *Conductores*: Transportan el fluido y transmiten la presión.
- *Actuadores*: Las partes que transforman la presión del fluido en una acción física son conocidas como actuadores. Puede tratarse de un cilindro, motor hidráulico, soplador, etc. El resto de dispositivos trabajan para suministrar energía y controlar el funcionamiento de los actuadores.
- *Dispositivos de control o maniobra*: Permiten controlar y modificar el comportamiento de uno o varios dispositivos.
- *Dispositivos de medida*: Proporcionan información visual acerca de los distintos parámetros de un sistema, como la presión, temperatura, etc.
- *Dispositivos auxiliares*: Son elementos que ayudan a mantener el proceso en condiciones óptimas, aunque su intervención no afecta directamente a la maniobra realizada por la máquina. Por ejemplo, filtros, calderines, lubricadores, etc.

Son conocidos como compresores, porque su funcionamiento se basa en tomar aire de la atmósfera y comprimirlo hasta alcanzar una presión suficiente para accionar a los actuadores.

Dependiendo del uso y la potencia de trabajo, se utilizan distintos sistemas de compresor, como por ejemplo de émbolo o de tornillo.

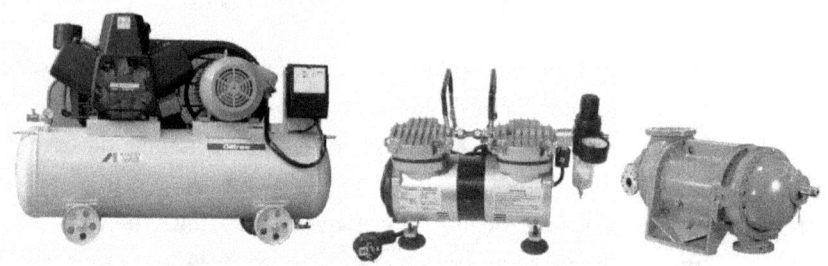

(De izq. a der.) Compresor de émbolo con calderín; compresor de doble émbolo; compresor de tornillo.

Son conocidos como bombas hidráulicas. Disponen de un eje que se puede conectar a un motor o correa de transmisión. Al girar, impulsa el fluido con una gran presión, que puede superar fácilmente los 100 bares. Pueden incorporar un regulador tipo *by-pass* para evitar que la presión exceda el límite de rotura de la bomba. En aplicaciones industriales, las bombas suelen ir montadas en centralitas, que incorporan un motor eléctrico que acciona la bomba, un depósito de fluido hidráulico, válvulas de seguridad y maniobra, indicadores de presión, nivel, temperatura, etc.

(De izq. a der.) Bomba hidráulica; centralita hidráulica industrial, centralita hidráulica para montaje en vehículos.

(c) Conductores

Dependiendo del fluido, presión de trabajo, distancia, caudal, condiciones ambientales, movimientos o vibraciones, encontramos una infinidad de opciones para conducir los fluidos. En entornos industriales, se utilizan generalmente los mismos sistemas básicos.

Se distinguen muy claramente los sistemas neumáticos de los hidráulicos, puesto que las presiones de trabajo son radicalmente distintas.

En sistemas neumáticos encontramos tuberías generales que distribuyen aire comprimido por varias zonas de la planta, con ramificaciones. Suelen ser rígidas y fabricadas con materiales de poco grosor, generalmente cobre, aluminio, plástico rígido o acero inoxidable. En entornos con riesgos de golpes puede encontrarse tubo de hierro galvanizado. Los más extendidos en la actualidad son los tubos de aluminio revestidos con pintura lisa, que se conectan mediante racores a presión, y su instalación y mantenimiento son muy cómodos.

Para conectar herramientas de mano, como atornilladores, o interconectar máquinas portátiles, se utilizan mangueras de plástico, o de goma reforzada con tejido textil.

En el interior de las máquinas, es más práctico utilizar tubos flexibles, normalmente de plástico, suponiendo una mayor comodidad para instalarlos y mantenerlos. Cuando se utilizan tubos de un diámetro reducido, inferior a 10mm, lo más habitual es usar tubo de poliamida (nylon), PVC, etc. Las conexiones suelen realizarse mediante los conocidos como racores instantáneos, que permiten conectarlas fácilmente sin necesidad de utilizar herramientas. Se conectan presionando el tubo hacia el interior del conector, y se liberan pulsando el anillo de su extremo.

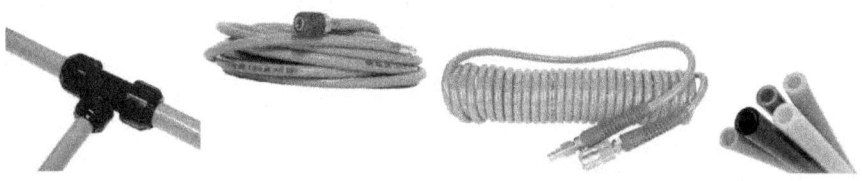

(De izq. a der.) Tubo rígido de aluminio revestido; manguera de goma reforzada; manguera de poliamida flexible; tubo de poliamida flexible.

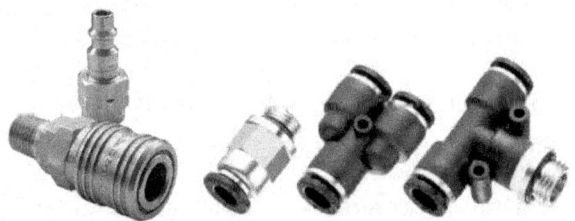

(De izq. a der.) Enchufe rápido para manguera flexible; racores instantáneos para tubo flexible de poliamida

En el caso de las conducciones hidráulicas, los sistemas son similares, aunque más reforzados para soportar la presión de trabajo. Por ejemplo, en el caso de las mangueras de goma, éstas suelen tener varias capas de tejido textil o metálico, proporcionando mayor resistencia y limitando la dilatación. Es habitual encontrar tubos rígidos hidráulicos, compuestos de metales como el cobre (normalmente en pequeños diámetros) o hierro con tratamiento antioxidante (galvanizado o bicromatado).

(De izq. a der.) Manguera de goma reforzada; mangueras con racores de conexión; tubos rígidos con racores de conexión.

Las conexiones hidráulicas tienen poco que ver con las neumáticas. No suelen emplearse juntas, sino que los elementos de unión son metálicos y tienen una sección cónica, que hace que asienten perfectamente entre ellos, impidiendo los escapes de fluido.

Distintos tipos de conexiones hidráulicas con asiento cónico.

(d) Tratamiento del aire

Para poder utilizar el aire en sistemas neumáticos, éste debe reunir unas condiciones adecuadas a los elementos que van a intervenir, para aumentar su eficacia y también su vida útil.

Acumuladores

El compresor suministra aire comprimido. Si la máquina que necesita este aire está parada, el compresor alcanza rápidamente una presión establecida que hace que el presostato (interruptor activado por presión) lo desconecte. En el momento que la máquina arranca, absorbe rápidamente este aire, teniendo que volver a arrancar el compresor. Además, si un actuador necesita una gran cantidad de aire en un momento puntual, el compresor no será capaz de suministrarla, perdiendo presión. Para solucionar este problema, se utilizan los acumuladores, también llamados calderines. Se trata de depósitos que acumulan una cantidad de aire comprimido suficiente para que la máquina pueda trabajar de forma estable. El compresor arranca y para cuando es necesario, para mantener la presión del calderín dentro de unos márgenes. De este modo, tenemos un suministro constante, y el compresor tiene menor desgaste.

Los compresores de menor tamaño suelen llevar el calderín acoplado, mientras que en sistemas industriales se pueden montar uno o varios, de gran tamaño, para mantener caudales y presiones necesarios en todos los puntos de la instalación.

Manorreductores

La presión suministrada por un compresor suele ser mayor que la necesaria para el funcionamiento de una máquina. Esto se hace así para que el acumulador se mantenga estable y su presión no caiga en momentos de una mayor demanda. Para evitar que la máquina trabaje con una presión excesiva, que podría provocar averías y desgaste prematuro, se instalan reductores de presión, también llamados *manorreductores*. Con la ayuda de un *manómetro*, podemos regular la presión a su salida, de modo que la presión en la máquina puede ser ajustada con exactitud.

Filtros separadores de condensados

El aire comprimido es el mismo aire de la atmósfera, solo que se le ha obligado a reducir su volumen para aumentar la presión. Esta compresión a la que es sometido, tiene efectos colaterales, como es la condensación del vapor de agua. El agua se precipita y acaba depositándose en conductos, válvulas, actuadores, etc. Los efectos son la corrosión, degradación de juntas, y proyección de gotas en lugares no deseados. Para reducir este problema, se utilizan los separadores de condensados, unos dispositivos con un sistema de cambios de presión que provocan que el agua se condense y caiga en un vaso que se puede vaciar fácilmente. Para circuitos más grandes o con una necesidad de mayor calidad del aire, se utilizan secadores, que funcionan a partir de cambios de temperatura y son capaces de condensar y eliminar un mayor porcentaje de agua.

Purgadores

Para facilitar el vaciado de condensados de algunos elementos, como los acumuladores, se montan *purgadores* que permiten extraer el agua sin tener que desmontar nada. Los más sencillos constan de un tapón que se afloja para permitir que salga el agua, y cuando únicamente sale aire, se vuelve a apretar.

Los *purgadores automáticos* eliminan el agua sin necesidad de intervenir. Los dos tipos más comunes son los temporizados, que se abren durante unos segundos cada cierto tiempo, y los de drenaje automático, que solamente se abre cuando hay agua, gracias a un sistema de boya.

Es muy importante eliminar el exceso de humedad, sobre todo en los calderines, primero por la humedad que llega hasta la máquina, y segundo porque un calderín lleno de agua tiene menor espacio para almacenar aire, perdiendo su capacidad, y obligando a arrancar y parar el compresor continuamente.

Lubricadores

Los actuadores, válvulas, reguladores, y prácticamente cualquier elemento neumático con partes móviles, sufren un rozamiento en las juntas y elementos de unión móviles. Para reducir este desgaste, se utilizan los *lubricadores automáticos*, que son unos elementos que constan de un vaso y un pulverizador. Básicamente, su función es la de pulverizar lubricante en el circuito de aire, para que llegue a todos los elementos del circuito y los mantenga bien lubricados. Este lubricante es un aceite muy fino, lo que permite que el aire lo arrastre con facilidad.

La cantidad de lubricante que se pulveriza puede ser regulada mediante un tornillo o mando incorporado.

Unidades de servicio

Los elementos que hemos visto se instalan en una gran cantidad de máquinas. Al ser elementos muy comunes, todos los fabricantes de productos neumáticos suministran las llamadas *unidades de servicio*, o *unidades de mantenimiento*, que son una combinación de dos o más de los elementos vistos. Así se instala un solo conjunto en la conexión principal de cada máquina.

En la imagen podemos ver el manorreductor, que es el mando negro de la parte superior, el manómetro, que es la aguja que indica la presión de la salida, el filtro separador a la izquierda, con un tapón inferior para vaciar el agua, y a la derecha está el lubricador, con el recipiente de aceite, y en la parte superior un visor que permite ver cómo se pulveriza el aceite, junto al tornillo para regularlo.

El mantenimiento de una unidad de servicio es muy sencillo. El agua del vaso de condensados debe vaciarse periódicamente, rellenar el vaso de lubricante, y comprobar que la presión es la correcta. Con estos sencillos pasos aseguramos que la calidad del aire es la adecuada para el correcto funcionamiento de la máquina.

Estrechando el paso del aire reducimos su caudal, es decir, el aire circula más lentamente. De este modo, podemos regular la velocidad de un actuador. Los *reguladores de caudal* son válvulas de regulación manuales, que básicamente constan de un tornillo que abre o cierra el paso del aire. Los modelos más comunes son los que aparecen en la imagen, por su facilidad para montarse en la propia toma del actuador.

Algunas válvulas reguladoras de caudal incorporan una *válvula antirretorno*, de forma que el aire circula a través del regulador en un sentido, mientras que en el sentido contrario circula por un conducto directo. De este modo podemos limitar la velocidad para un solo sentido.

Válvulas de escape rápido

Son válvulas que se montan en la toma del actuador, de modo que dejan pasar el aire desde la tubería hasta el actuador. Sin embargo, cuando el actuador se desplaza en el otro sentido y el aire sale de él, la válvula deja pasar el aire directamente hacia una salida directa de escape, permitiendo que se mueva con mayor velocidad.

Silenciadores

Los *silenciadores* son elementos que se incorporan en las salidas de escape, para evitar el fuerte ruido que se produce por la caída brusca de presión. Actúan dispersando el aire a través de múltiples orificios de pequeño tamaño.

Válvulas Y y O

Las válvulas Y constan de dos entradas y una salida de aire. Cuando las dos entradas tienen presión, la válvula deja pasar el aire hasta su salida. Mientras no se dé esta condición, la salida permanecerá cerrada.

Las válvulas O, por el contrario, solamente dejarán pasar el aire de la entrada que tenga una mayor presión. Esto permite manejar un actuador desde dos entradas, sin que éstas se comuniquen entre sí.

(e) Actuadores

Los *actuadores* son la esencia de la neumática y la hidráulica. El resto de elementos tienen como objetivo hacer que los actuadores trabajen con eficacia. Su funcionamiento es esencialmente muy simple: la presión del fluido suministrado genera un movimiento controlado que acciona un elemento móvil de la máquina.

Los actuadores más utilizados son los *cilindros*, que transforman la presión del fluido en un movimiento lineal. Controlando la presión y el caudal del fluido se puede modificar la fuerza y la velocidad del desplazamiento. También son comunes los *actuadores rotativos*, que disponen de un eje que gira gracias a la presión del fluido. Los *motores neumáticos* giran gracias a la presión de aire, y se utilizan en máquina y herramientas, como los atornilladores o taladros neumáticos.

Los actuadores pueden trabajar con distintas fuerzas y velocidades, modificando su geometría, presión y caudal de aire.

(f) Dispositivos de control y maniobra

Se pueden controlar muchos parámetros de los actuadores: velocidad, fuerza, posición, etc. Además, el control puede realizarse de forma manual o automática. De este modo, podemos encontrar un sistema en el que se utilice tan solo una palanca manual para activar el actuador, hasta complejos sistemas en los que el actuador es dirigido por un autómata que lo desplaza según los datos recopilados de sensores y configuraciones establecidas. En cualquier caso, los sistemas de maniobra constan normalmente de combinaciones de elementos básicos, aumentando la complejidad según la cantidad.

Veremos los elementos más comunes, recordando de nuevo que puede ampliarse la información con una búsqueda simple en internet. Los principales fabricantes publican manuales completos que pueden descargarse de forma gratuita desde sus webs oficiales, con información muy útil y organizada, además de gráficos verdaderamente prácticos. No nombraremos marcas para no discriminar al resto.

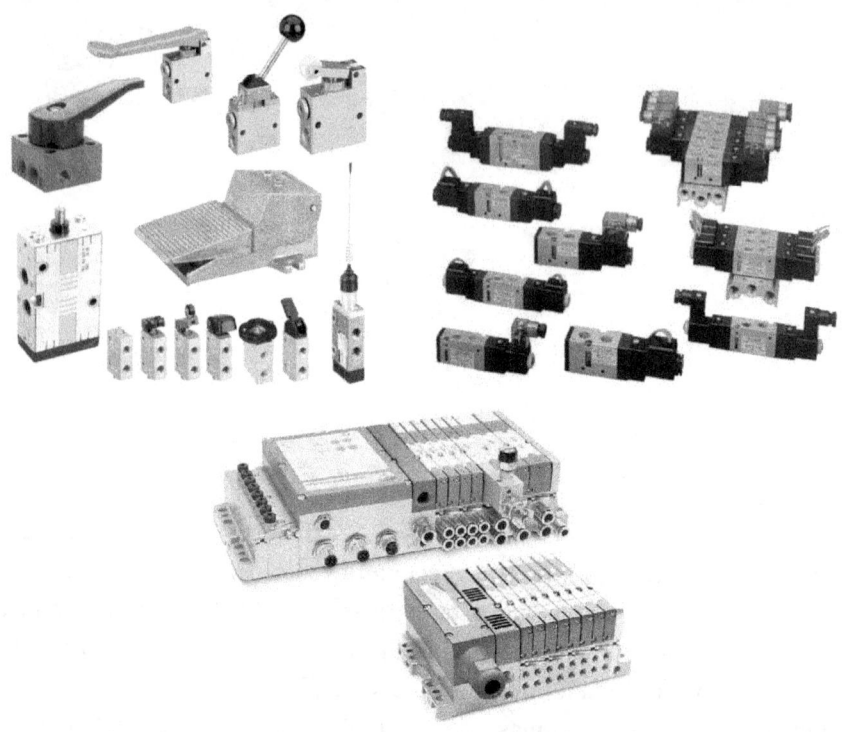

(De izq. a der.) Válvulas neumáticas accionadas manual o mecánicamente; electroválvulas accionadas por solenoide; islas de válvulas dirigidas desde un PLC.

Válvulas de accionamiento manual

Para cortar o permitir el paso de aire de forma simple, existen válvulas que se activan y desactivan directamente, ya sea mediante un pulsador, interruptor, moviendo una palanca, o pisando un pedal. En los sistemas más básicos, con estos elementos es suficiente para accionar un actuador. No hay elementos eléctricos, sino que es la fuerza física la que desplaza los elementos que dejarán pasar el aire. Las válvulas, de cualquier tipo, pueden ser monoestables, si al dejar de accionarlas vuelven a su estado inicial (como un pulsador), o biestables, si al activarlas se quedan en ese estado por sí mismas, siendo necesario accionarlas para volver al estado anterior (como un interruptor).

El nivel más básico de automatización que podemos conseguir en neumática o hidráulica podemos obtenerlo con la utilización de *válvulas de final de carrera*. Por ejemplo, un cilindro puede avanzar hasta que en cierta posición presione una válvula de final de carrera que corte el paso del aire, dejando el cilindro parado en esa posición.

Electroválvulas

En máquinas con cierto grado de automatización, las *electroválvulas* permiten un gran control de los actuadores. Se trata de válvulas que se manejan aplicando tensión sobre una bobina o solenoide, que crea un campo magnético capaz de desplazar un elemento móvil que abre o cierra el paso del aire. Las electroválvulas más sencillas son las que disponen de una entrada y una salida de aire, con una toma de corriente que abre o cierra el flujo. Digamos que es una especie de grifo eléctrico.

Las *islas de válvulas* son un grupo de electroválvulas montadas sobre un soporte. Este soporte tiene unos conductos que intercomunican las tomas comunes de las válvulas, evitando tener que puentear todas las entradas y escapes, ahorrando tubo y dejando el montaje más despejado y fácil de mantener.

En sistemas más complejos, con autómatas que dirigen el funcionamiento de la máquina, podemos encontrar islas de válvulas que tienen una toma de datos. Esta toma se cablea hasta el autómata, de modo que desde el programa se selecciona la válvula que se quiere accionar. El cableado es mucho más limpio, y además permite hacer modificaciones desde el software, sin tener que modificar las conexiones físicas.

Válvulas modulares

En el mercado, lo más habitual es encontrar *válvulas modulares*, que contienen elementos que pueden combinarse de distintas formas para modificar su comportamiento. Por ejemplo, se puede sustituir un muelle que hace que la válvula vuelva a su estado inicial al desactivarla (válvula monoestable) por una solenoide que desplace la válvula a su posición de origen cuando se aplique una tensión (válvula biestable). Si buscas catálogos de fabricantes, encontrarás todos los elementos y sus posibles combinaciones, de modo que con algunas piezas básicas puedes cubrir casi cualquier aplicación. Para identificar correctamente cada válvula y conocer su funcionamiento, se utilizan esquemas, que suelen ir etiquetados o grabados sobre su cuerpo, de forma que sea fácilmente identificable.

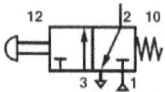

En el ejemplo, vemos la representación de una válvula accionada por pulsador, con muelle de retorno (monoestable), que al pulsarla deja pasar el aire de la toma 1 a la toma 2, y al soltarla deja escapar el aire de la toma 2 a la 3.

(g) Esquemas neumáticos

Para representar los sistemas neumáticos se utilizan unos símbolos normalizados con los que resulta fácil comprender el funcionamiento de un circuito.

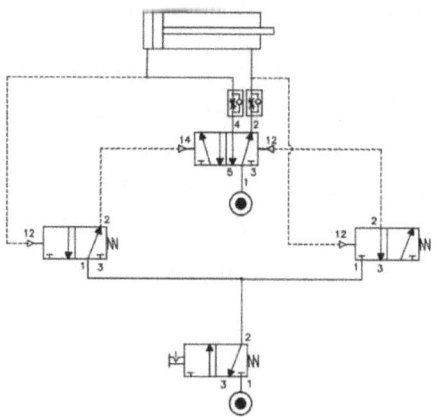

En el apéndice correspondiente encontrarás los símbolos normalizados. Además, en la red puedes localizar manuales de neumática de libre descarga, donde encontrarás mucha más información.

A la hora de mantener un sistema neumático o hidráulico, hay tareas que se realizan con bastante frecuencia, como la eliminación de fugas en las conexiones, purga y lubricación del circuito, etc.

Dentro de la categoría de reparaciones, una de las más comunes es tener que sustituir las juntas del cilindro. Veremos un ejemplo, que puede ser aplicado a una gran cantidad de modelos.

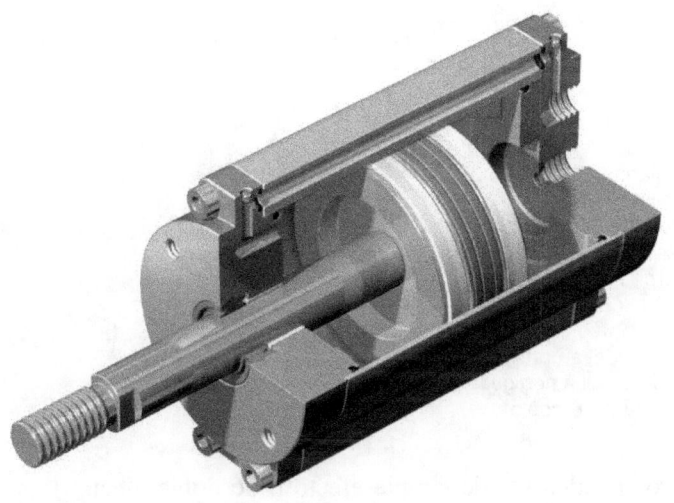

Fuente: http://pbworks.com

En la imagen podemos ver un cilindro seccionado. Se aprecian perfectamente los elementos de goma que sufren el mayor desgaste, marcados con color azul. También hay otras juntas, en color negro, que sellan las uniones de las distintas partes fijas. En caso de reparación es recomendable sustituirlas también, aunque en reparaciones de emergencia, si no disponemos del repuesto, se pueden aprovechar las mismas, aplicando sellador si no estamos seguros.

Veamos sus elementos con más detalle. Utilizaremos como ejemplo el despiece de un cilindro Universal ISO 6431 (www.univer.com.au):

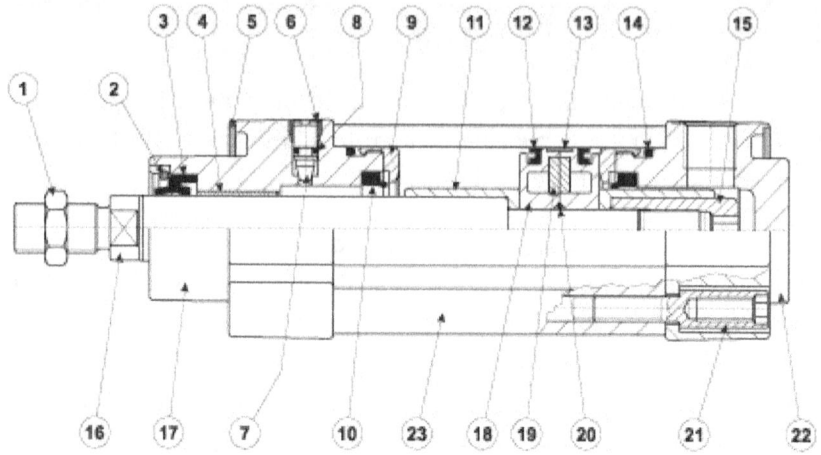

1. Contratuerca
2. Rascador
3. Collarín
4. Cojinete
5. Guardapolvo nylon
6. Anillo de seguridad
7. Tornillo del amortiguador
8. Junta tórica
9. Amortiguador
10. Junta del amortiguador
11. Lanza del amortiguador
12. Junta del émbolo
13. Aro guía
14. Junta de la camisa
15. Tuerca de retención del émbolo
16. Vástago
17. Tapa delantera
18. Émbolo
19. Imán
20. Junta tórica
21. Tornillo de la cubierta
22.Tapa trasera
23. Camisa

Los cilindros pueden ser de simple efecto o de doble efecto. Los de simple efecto tienen una toma de aire para desplazarlo en un sentido, y al dejar la presión disponen de un muelle que le hace volver a su posición inicial. Los de doble efecto tienen una toma de aire para cada sentido.

Veamos las juntas más importantes que podemos encontrar en un cilindro:

Rascador

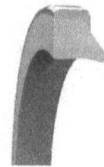

No todos los cilindros lo montan, aunque es muy útil en ambientes sucios. Su misión es evitar que la suciedad depositada sobre el vástago entre en el cilindro. El labio en forma de cuña se monta hacia el exterior del pistón, para que "rasque" la suciedad. Un rascador desgastado permitirá la entrada de suciedad o líquidos, que deteriorarán juntas y metales.

Collarín

Se trata de un tipo de junta que proporciona estanqueidad gracias a la presión del aire, que se encarga de separar sus labios, haciendo que asienten contra el vástago. Esto mantiene el cilindro cerrado herméticamente, permitiendo el desplazamiento lineal del vástago.

Collarín con rascador

Combina las funciones del collarín y el rascador en una sola pieza. En cilindros de pequeño tamaño permite un montaje más compacto y económico.

Aro guía

El aro guía, o anillo de deslizamiento, mantiene el émbolo centrado respecto a la camisa, evitando esfuerzos asimétricos contra las juntas. Se fabrican con materiales deslizantes resistentes al desgaste, como el teflón.

Junta de émbolo

Las juntas del émbolo pueden tener formas muy distintas, según la aplicación concreta y el entorno en el que se encuentren. Las más habituales tienen forma de collarín, y se montan de forma simétrica, para que actúe una u otra, según el sentido del desplazamiento.

Émbolo monobloque

En los cilindros de bajo coste, resulta muy práctico montar el émbolo y sus juntas en una sola pieza, de modo que se puede sustituir fácilmente.

Muchos cilindros incorporan una pieza de metal magnético en el émbolo, que permite detectar su posición desde el exterior del cilindro, mediante sensores magnéticos. Cuando el cilindro está frente al sensor, el campo magnético del imán lo activa, igual que un final de carrera.

(i) Cilindros con amortiguador

Resulta realmente sencillo diseñar un cilindro con amortiguación en los extremos de su recorrido. Simplemente, el vástago se ensancha cerca del émbolo, de modo que esta zona más ancha entra en contacto con una junta, que obtura el paso del aire, de forma que el cilindro se frena, dejando pasar el aire únicamente a través de un conducto que se estrangula más o menos según la posición de un tornillo. Esto permite regular la velocidad del cilindro al final de su recorrido. En el otro extremo el sistema es idéntico.

Las máquinas dentro de un entorno industrial están sometidas a condiciones extremas: largos periodos de trabajo, suciedad, humedad, productos químicos, ruidos eléctricos, etc. El objetivo principal del mantenimiento industrial es minimizar las paradas de producción y sus efectos, para maximizar la rentabilidad de la planta. Cuantas menos averías se produzcan, más tiempo se estará produciendo y creando valor para la empresa. Cuanto más planificadas estén las paradas para el mantenimiento, menos afectarán a los pedidos y plazos de entrega, porque ya se habrá previsto ese tiempo de inactividad. Además, si se minimiza el desgaste, por ejemplo con un buen plan de lubricación, las máquinas durarán más años, y deberán cambiarse menos piezas.

El conocimiento que tengas sobre una máquina influirá en gran medida en los resultados de tu trabajo. Si conoces bien los ciclos de funcionamiento, las partes que la componen, los procedimientos más eficaces para realizar los trabajos, sin duda conseguirás tus objetivos con mayor eficacia. Evidentemente, no puedes conocer a fondo a una máquina el primer día. Debes observar su funcionamiento, consultar la documentación del fabricante, preguntar al operador que la maneja, y en general investigar sobre ella. Lo ideal es llegar a conocerla bien antes de tener que afrontar averías graves, porque es en esos momentos cuando tienes que actuar con la presión añadida de la pérdida de producción imprevista. Recuerda, sin embargo, que la seguridad es lo más importante, así que no corras ni empieces a actuar sin pensar antes, porque puedes provocar problemas mayores, y además con peores consecuencias.

Existen muchos métodos para reparar una avería, aunque básicamente se suele seguir una pauta general. Lo primero es intentar dividir un problema grande (la máquina no funciona) en problemas menores más concretos (la máquina se detiene entre dos pasos concretos del ciclo de trabajo). Después se debe intentar concretar más todavía, viendo qué condiciones deberían cumplirse para que la máquina realizase la acción deseada, y cuáles de ellas podrían no estar cumpliéndose. Si consiguen determinarse varias de estas condiciones, primero debemos ver si realmente no se cumplen (no deben haber productos a la salida, deben haber productos a la entrada, etc.). Si se cumplen, hay que observar cómo sabe la máquina que se están cumpliendo (sensores que detectan si hay productos en un lugar), y comprobar que el sistema no esté fallando (el sensor funciona y entrega la señal al autómata). La inmensa mayoría de averías se resuelven siguiendo estos pasos tan simples. El problema está en que hay máquinas modulares con una gran cantidad de elementos, que nos obligan a dedicar mucho tiempo a realizar todos estos pasos. Otras veces no resulta fácil aislar los síntomas y asociarlos a una causa. En estos casos, el conocimiento y la experiencia resultan esenciales.

Te recomiendo encarecidamente que investigues continuamente. Cuando veas un sensor que no conoces, apunta su marca y modelo, y cuando llegues a casa búscalo en internet. Averigua lo que es y cómo funciona. Verás que resulta muy gratificante adquirir ese conocimiento, porque poco a poco aumentarás tu control sobre la máquina, y te sentirás más capacitado y confiado a la hora de realizar cualquier intervención. Por ejemplo, si encuentras un sensor inductivo y no lo reconoces, búscalo en la red, y verás cómo funciona, la distancia a la que detecta un metal, como se conectan sus cables, qué tensiones deben haber a la entrada y a la salida, etc. Puedes hacer anotaciones en el esquema eléctrico de la máquina, y así podrás consultarlo rápidamente. Si tienes una avería relacionada con este sensor, tendrás la capacidad de diagnosticarlo en poco tiempo, y podrás afirmar con certeza si el sensor está funcionando correctamente o no. Cuantas menos dudas tengas, más rápidamente solucionarás la avería. No basta con que la máquina funcione. Debes saber qué ha ocurrido, qué solución has aplicado, y si ésta es definitiva o debes realizar nuevas acciones en un momento de menor presión.

Básicamente, cualquier máquina automática consta de un sistema de inteligencia artificial. Por ejemplo, un horno eléctrico calienta hasta una temperatura establecida. Para realizar este trabajo, la máquina debe tener unos dispositivos de entrada, otros de salida, y otros de proceso de datos. En este ejemplo, los dispositivos de entrada son el sensor de temperatura, y el interruptor de encendido, el botón de ajuste de la temperatura. Los dispositivos de salida son la resistencia de calentamiento y el piloto que indica que el horno está calentando. El sistema de proceso de datos es el termostato, o en los hornos más modernos un circuito electrónico. Este sistema realiza operaciones de inteligencia artificial muy básicas, concretamente operaciones lógicas. Si el interruptor está encendido, y la temperatura medida por el sensor es inferior a la ajustada con el botón de ajuste, el termostato o la placa electrónica conecta la resistencia de calentamiento. Si la temperatura es mayor de la ajustada, desconecta la resistencia. Imaginemos que el horno "no funciona". Debemos, primeramente, determinar qué es lo que no funciona. Por ejemplo, si la luz del horno está encendida, sabemos que el interruptor funciona. Después debemos comprobar si se cumplen las condiciones (la temperatura medida es inferior a la ajustada), y si la máquina reconoce estas condiciones. En algunos casos es complicado medir el sensor de temperatura o el botón de ajuste, por lo que podemos buscar por el lado opuesto, es decir que el termostato o el circuito electrónico están entregando corriente a la resistencia. Si no hay tensión, falla el sensor, el botón regulador, o el termostato (o placa electrónica), así que debemos buscar la forma de comprobar cada elemento por separado. Si hay corriente, debemos comprobar la resistencia. Hemos dividido el problema mayor (el horno no funciona) en un problema localizado (por ejemplo la resistencia está fundida). Una vez tenemos el diagnóstico, la solución prácticamente nos viene dada. Si un componente está dañado, lo sustituimos por uno nuevo, y asunto resuelto.

Existen problemas más complejos, como la pérdida de datos o un programa corrupto que no ejecuta bien el ciclo de trabajo. Pero según mi experiencia, el porcentaje de este tipo de problemas es mínimo, así que es mejor centrarnos en dominar los problemas más comunes, que son los que nos resolverán las situaciones cotidianas. En casos de gran complejidad, siempre podemos acudir a un experto en autómatas, por ejemplo.

Para entender el funcionamiento interno de una máquina, podemos apoyarnos en los esquemas y la documentación del fabricante. Los diagramas de flujo resultan realmente útiles, porque nos muestran el funcionamiento de la inteligencia artificial de la máquina. Sin embargo, muy pocos fabricantes proporcionan estos diagramas, así que debemos deducir esta información a partir de lo que tengamos.

Si tienes poca experiencia en reparación, quizás te sientas algo abrumado ante la idea de enfrentarte a las averías, pero verás que conforme vayas conociendo a las máquinas, tu sensación de control aumentará rápidamente.

Sería imposible hacer referencia a todas las herramientas que podrías encontrarte en el sector del mantenimiento industrial. Sin embargo, creo que es necesario que estés familiarizado con algunos equipos de medida que deberías utilizar habitualmente.

(a) Multímetro, polímetro o tester

Normalmente no se utilizan equipos de medida con una sola función, sino que se combinan varios dispositivos en uno solo. El polímetro más básico que podemos encontrar mide tensión (voltímetro), intensidad (amperímetro) y resistencia (óhmetro). Dependiendo del modelo, las funciones pueden ampliarse muchísimo, incluyendo, por ejemplo, medida de capacidad de condensadores, temperatura, continuidad, frecuencia, inductancia, ESR (resistencia serie equivalente en condensadores), HFE (para transistores), diodos, sonido, iluminación, medida de intensidad sin contacto (mediante pinza amperimétrica) y prácticamente cualquier cosa que pueda medirse.

Es importante que te familiarices con el modelo que vayas a usar habitualmente, puesto que cada modelo tiene sus particularidades. Léete el manual y aprende a utilizar todas sus funciones.

A la hora de medir, si no conoces la magnitud de la medida que vas a comprobar, utiliza una escala mayor, y después reduce según necesites. Algunos polímetros tienen autoajuste, de modo que ellos mismos se ajustan al rango correcto.

Normalmente las medidas se realizan en paralelo con el elemento a medir. Por ejemplo, para conocer la tensión entre dos conductores, colocaremos una punta de prueba en cada uno de ellos. Sin embargo, para medir intensidad, el polímetro debe colocarse en serie con el conductor. Además, hay que verificar que el polímetro aguanta la intensidad que circula, porque toda la corriente circulará a través suyo. Para evitar estos inconvenientes, es más práctico utilizar la pinza amperimétrica, que permite medir la intensidad de un conductor sin interrumpir el circuito. Para ello, la pinza se abre y se coloca abrazando al conductor, y el campo magnético que éste genera es suficiente para que el equipo determine la intensidad que circula. Para saber la intensidad en un circuito, la pinza solamente debe rodear uno de los cables. Si se rodean dos cables, por ejemplo una fase y su neutro correspondiente, la pinza no debería marcar nada, puesto que la corriente que circula por un cable también lo hace por el otro, pero en sentido contrario. Esto quiere decir que los campos magnéticos generados se anulan entre sí, de modo que la pinza no detecta nada. En algunos casos es interesante este efecto, porque permite medir la corriente de fuga de un circuito. Si existe una derivación, parte de la corriente que circula en un sentido por un cable no vuelve por el otro, sino que se deriva a tierra por un defecto del aislamiento. El resultado es que los campos magnéticos se desequilibran, marcando la pinza el valor de la corriente de fuga que "falta" en el cable de vuelta. De este modo podemos saber fácilmente si hay una derivación en el circuito, y su valor. Existen pinzas específicas para medir las corrientes de fuga. Su particularidad es que tienen mayor sensibilidad para medir corrientes muy pequeñas.

Un factor a tener en cuenta antes de medir, es el tipo de corriente que circula por un circuito. Dependiendo de si se trata de corriente continua o alterna, deberemos escoger la opción adecuada. La mayoría de pinzas amperimétricas solamente funcionan con corriente alterna, aunque es fácil encontrarlas para corriente continua, que por norma general son más caras, debido a que la corriente continua no genera un campo magnético como con la corriente alterna. En las medidas de corriente continua, es necesario respetar la polaridad de las puntas de prueba para realizar las medidas.

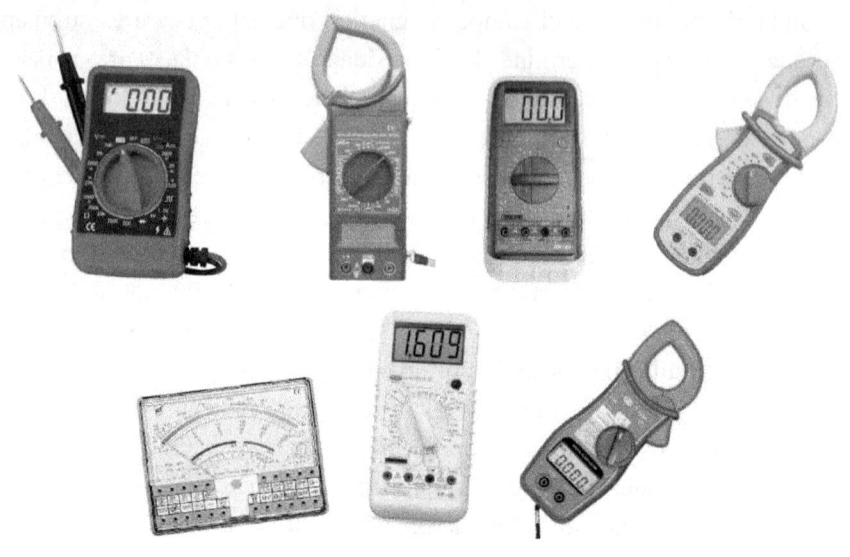

En máquinas con elementos rotativos, puede resultar necesario conocer la velocidad de giro de una pieza. Un tacómetro digital indica la velocidad en varias magnitudes. Existen los de tipo óptico, que leen una marca colocada sobre la pieza que gira, de modo que cuenta sus vueltas, convirtiendo el valor a RPM (revoluciones por minuto). También podemos encontrar tacómetros con un eje al que pueden acoplarse distintos accesorios, para obtener distintos tipos de medida, como ángulos de giro, velocidad de paso de una superficie, etc. Los más versátiles son los que combinan los ópticos con los de eje.

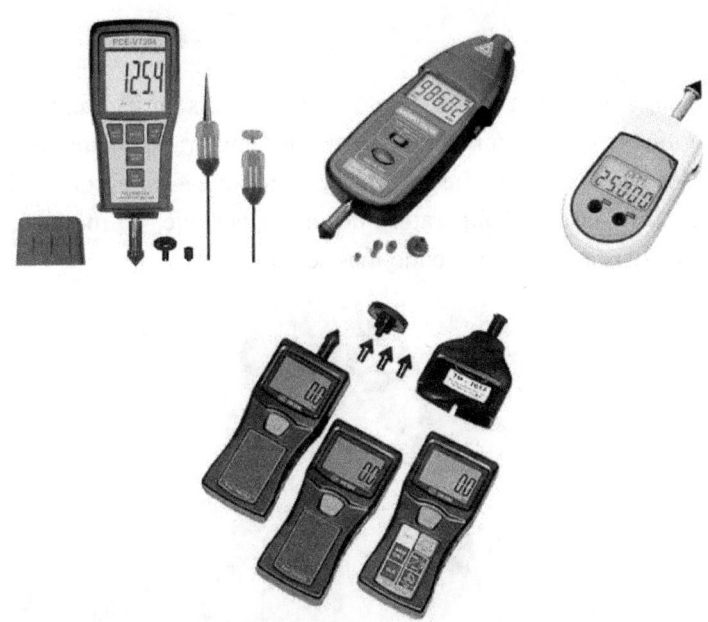

Se trata de un óhmetro que mide la resistencia aplicando una tensión elevada. Esto reproduce mejor las condiciones de trabajo de un aislante, comprobándose con mayor fiabilidad si el aislamiento es suficiente, o existen fugas de corriente. Se utiliza mucho en motores, para comprobar el estado del bobinado, puesto que el primer indicio de desgaste es el deterioro del esmalte aislante.

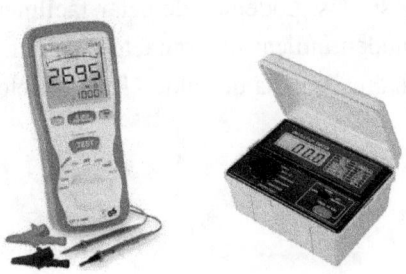

Para medir la temperatura de un objeto o un fluido, se utiliza el termómetro. Algunos polímetros incorporan una sonda de temperatura para realizar esta función. Uno de los termómetros más interesantes es el que utiliza los infrarrojos para medir la temperatura de una superficie, de modo que no es necesario que exista contacto, siendo más seguro.

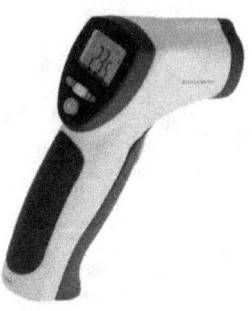

Se trata de un tipo de termómetro muy útil. Dispone de una cámara infrarroja y un monitor que genera una imagen con colores cuyos tonos corresponden a distintas temperaturas. De este modo podemos tener una idea clara de la temperatura de cada superficie observada. Hay cámaras con multitud de funciones, como la que permite seleccionar un punto de la imagen e indica la temperatura exacta.

Mediante estos dispositivos, podemos detectar fácilmente puntos calientes en una máquina, que pueden indicar un contacto eléctrico deficiente, el desgaste de un rodamiento, una resistencia de caldeo fundida, etc.

(f) Osciloscopio

El osciloscopio se utiliza para representar gráficamente una corriente eléctrica. Se utiliza para diagnosticar problemas de calidad eléctrica, y para medir señales.

Existen modelos de banco y portátiles. Los de banco se utilizan sobre todo en la reparación de circuitos electrónicos. En la industria resultan más prácticos los portátiles. Los analógicos están quedando desfasados, de modo que los más comunes son digitales.

Su funcionamiento básico es sencillo, aunque la experiencia y la formación permite sacarles el máximo partido.

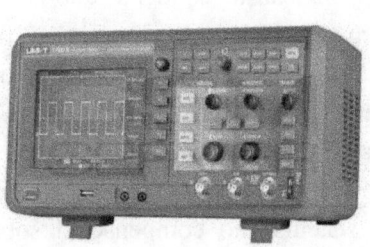
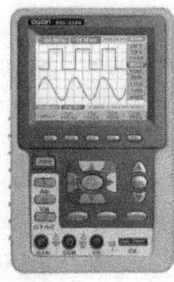

A la hora de definir una política o sistema de mantenimiento, el enfoque puede variar notablemente dependiendo del tipo de empresa, de las estrategias y de los objetivos que se persigan.

A lo largo de los años se han ido diferenciando distintos tipos de mantenimiento, a los que se ha asignado una denominación concreta. En la práctica, no se adopta uno de estos tipos, sino una combinación de varios o todos ellos. Según el peso que se otorgue a cada tipo, los resultados globales serán muy distintos.

Vamos a conocer los tipos más conocidos y utilizados, para que entiendas de lo que se habla en cada caso, y puedas deducir tú mismo en qué caso conviene adoptar uno u otro.

(a) Mantenimiento correctivo

Es el tipo más antiguo y utilizado. Se trata simplemente de corregir una incidencia una vez que se ha producido. Es decir, arreglar lo que se ha roto. La principal ventaja es que no se pierde tiempo en planificarla, porque simplemente no se sabe cuándo va a ocurrir. El principal inconveniente está originado por la misma causa, es decir que al no poderse predecir, sus consecuencias pueden ser más o menos graves, en función del momento en el que se produzca el fallo. Por ejemplo, si se rompe una pieza un sábado por la tarde y hay que esperar hasta el lunes para localizar un repuesto, se perderá la producción de varios días. Por este motivo, cada vez se intenta evitar más este sistema, salvo en los casos de incidencias más impredecibles, o cuando la aplicación de otros sistemas no compense el sobrecoste. Por ejemplo, en máquinas con poca incidencia sobre la producción y fácil reparación, no es práctico aplicar un sistema de predicción de averías.

Cuando conocemos el desgaste aproximado de una máquina, podemos prevenir las averías sustituyendo los elementos que sufren una mayor degradación, antes de que lleguen al final de su vida útil. Por ejemplo, si cambiamos el aceite de una máquina antes de que se deteriore notablemente, protegeremos mejor a los rodamientos y otras piezas.

La principal ventaja de este tipo de mantenimiento es que podemos planificar con antelación la intervención, para preparar los recursos necesarios, como el personal y los materiales necesarios, además de incidir mínimamente en la producción, porque al tener prevista la parada, se adaptarán los plazos de fabricación, evitando incumplir un plazo de entrega al cliente a causa de un imprevisto.

Uno de los inconvenientes de este sistema es principalmente económico, puesto que sustituir una pieza que todavía puede seguir trabajando durante un tiempo resulta en algunos casos inviable.

Este sistema se utiliza en elementos que tienen un desgaste conocido, y el coste de los repuestos es reducido. También se aplica en elementos que resultan críticos y deben reducirse las posibilidades de avería al mínimo, porque las consecuencias puedan ser muy graves (como riesgo de accidentes o de pérdidas importantes de producción). Por ejemplo, en aeronáutica se cambian muchas piezas muy caras, mucho tiempo antes de agotar su vida útil.

Los trabajos preventivos se realizan de forma periódica. Estos periodos pueden establecerse según el tiempo natural (anualmente, semestralmente, etc.), según el tiempo de funcionamiento (mediante dispositivos que midan el tiempo de trabajo de la máquina), según los ciclos de trabajo (el número de veces que la máquina realiza una acción, medido con un contador automático), según la distancia recorrida (usualmente en vehículos). También pueden utilizarse otros sistemas de medida en casos específicos.

(c) Mantenimiento predictivo

Hay casos en los que se puede predecir una avería. La predicción puede realizarse midiendo algunos parámetros que varían antes de producirse el fallo. Por ejemplo, midiendo la calidad del aceite, el aumento de vibraciones de un elemento en movimiento, aumentos de temperatura, etc. En estos casos, podemos adelantarnos a la avería con el tiempo suficiente para planificar la intervención, y sin sustituir piezas en buen estado, puesto que ya habremos constatado su degradación.

Evidentemente, este sistema tiene innumerables ventajas, al adelantarnos a la avería sin desperdiciar recursos. Además, las herramientas para realizar estos diagnósticos son cada vez más accesibles, de modo que es posible ir implantando este sistema cada vez en más situaciones.

Su mayor inconveniente es que no puede aplicarse en cualquier situación, y las herramientas resultan caras para pequeños talleres. Existen cada vez más empresas que ofrecen servicios de análisis e inspecciones predictivas, así que pueden subcontratarse para realizar una auditoría periódica.

Comentaremos uno de los sistemas más utilizados para el análisis predictivo, que es la termografía. Se trata de utilizar cámaras que captan una imagen infrarroja de una zona, convirtiéndola en una imagen visible, en la que cada temperatura está representada por un color, de modo que es muy fácil y rápido comprobar si algún punto tiene una temperatura anormal. Puedes encontrar muchísima información en la red, así como cursos y seminarios gratuitos. Este sistema se está implantando muy rápidamente gracias a la reducción de costes de los equipos, lo que está permitiendo que se extienda a otros campos, como la edificación o la sanidad.

(d) Mantenimiento productivo total (TPM)

Este concepto es más reciente que los anteriores, y se basa en la implicación de todo el personal en el mantenimiento. Por ejemplo, los operadores de las máquinas pueden realizar las tareas preventivas, limpieza y reparaciones más sencillas. El personal específico de mantenimiento realiza las tareas más especializadas.

Las ventajas son muchas, empezando por una mayor satisfacción del personal, que ve cómo aporta valor sin limitarse a ser una especie de androide que se limita a operar la máquina. También aumenta el compromiso de la persona con máquina, al hacerse responsable de su buen funcionamiento. El hecho de que el propio operador sea quien realiza las operaciones de mantenimiento permite que las paradas imprevistas sean más cortas, porque una vez que la máquina se para, éste queda disponible para la intervención, mientras que el personal de mantenimiento puede estar ocupado en otras tareas.

Este sistema es originario de Japón, pero se ha extendido por todo el mundo rápidamente, una vez demostrada su utilidad. La combinación de este sistema con los anteriores produce los mejores resultados. El personal dedicado a la producción asume la mayor parte de los trabajos, por lo que el personal de mantenimiento puede realizar tareas predictivas y preventivas, reduciéndose notablemente las situaciones imprevistas graves. Así se consigue una mayor productividad de la planta y los tiempos de inactividad son mínimos.

Existen otros tipos de mantenimiento y otras clasificaciones, como separar el mantenimiento correctivo inmediato del diferido, o incluir el predictivo dentro del preventivo, aunque creo que la clasificación que hemos hecho es más realista y fácil de asimilar. Por ejemplo, yo soy partidario de considerar un análisis termográfico, que es una acción predictiva, dentro del mantenimiento preventivo, si se trata de una operación planificada y realizada de forma periódica. Si durante un trabajo correctivo (la avería ya se ha producido) se utiliza la cámara termográfica para diagnosticar o verificar algún elemento, la intervención sigue siendo correctiva, porque no estamos prediciendo la avería, sino que estamos utilizando la cámara como una herramienta más. Así resulta mucho más fácil de gestionar. Además, si a partir de una acción preventiva o predictiva se detecta una avería, los trabajos realizados para subsanarla serán correctivos, porque la única diferencia con una avería corriente está en la forma de detectarse. En resumen, una acción es preventiva cuando se ha planificado de forma periódica sin que exista una avería, y correctiva cuando algún elemento ya se ha visto afectado. Claro que existen otros enfoques distintos, y no puedo decir que sean mejores o peores. Habría que analizar cada situación concreta.

Una de las herramientas más poderosas en el mundo del mantenimiento, aunque podríamos extender la idea a cualquier ámbito, es la información. Siempre seremos más eficaces si tememos los conocimientos técnicos necesarios, si los trabajos están planificados de forma eficiente, si conocemos los riesgos y las consecuencias de las posibles incidencias, etc.

La correcta gestión de la información es lo que nos permite disponer de los datos más significativos relativos a nuestro trabajo, de la forma más rápida y cómoda posible. Las áreas más importantes que debemos tener bien gestionadas dependerán del tipo de empresa y su funcionamiento. Por ejemplo, en una fábrica que trabaja día y noche, y durante fines de semana, se deberá tener muy controlado su sistema de piezas de repuesto, al no ser siempre viable salir a comprar un recambio en el momento de producirse una avería. Además, en plantas con almacenes de repuestos importantes, los artículos deben estar perfectamente localizados, y debe disponerse de un número de existencias concretas, para evitar tener un excesivo capital inmovilizado, y prevenir a la vez su falta en caso de necesidad urgente. También es muy distinta la gestión del mantenimiento preventivo en un pequeño taller con pocas máquinas, en comparación con una planta importante, con cientos de máquinas en funcionamiento permanente. En el primer caso puede ser suficiente con colgar un cuadrante de papel en cada máquina para el seguimiento de las operaciones periódicas, mientras que en el segundo resulta imprescindible disponer de un sistema informático avanzado, llamado GMAO (Gestión del Mantenimiento Asistida por Ordenador).

Lo que comento parece algo muy evidente, pero es sorprendente ver cómo en pequeñas empresas se puede llegar a implantar un software muy avanzado que requiere más molestias para su implantación de las que va a resolver en realidad, y todo lo contrario en el caso opuesto, con plantas importantes con software demasiado básico que no cubre sus necesidades.

Para implantar con éxito un sistema de gestión eficiente, es muy importante conocer las necesidades reales y la forma de trabajar de la empresa, para saber qué datos son realmente importantes y pueden aportar valor, además de marcar el límite para dejar fuera lo superfluo, evitando la saturación de trabajo e información que consume recursos innecesariamente.

La mayoría de sistemas de gestión avanzados incorpora herramientas para análisis de costes. Los datos aportados, en muchos casos, no llegan a analizarse correctamente, por lo que no se les saca ningún partido.

(a) Información que debe gestionarse

Vamos a conocer o repasar la información más importante que debe gestionarse en el mantenimiento.

Planificación de trabajos

Los trabajos que no requieren una intervención inminente deben organizarse para optimizar los recursos y la coordinación con la producción, para evitar pérdidas por paradas prolongadas. Además, en el caso de trabajos periódicos con intervalos largos, debe conocerse la fecha de la próxima intervención. Las soluciones para conseguirlo pueden ir desde un calendario de papel o agenda señalando las fechas previstas, hasta una alarma automática que nos avise de la proximidad de la intervención.

Histórico de trabajos realizados

Es muy importante disponer de un registro con toda la información relevante acerca de los trabajos que se han realizado en una planta o máquina. De este modo podemos consultar los datos para agilizar el diagnóstico de una avería, o prever un problema de fondo que genera incidencias repetitivas, teniendo así una mejor visión para aplicar una solución definitiva. Eliminar averías repetitivas es una de las formas más eficaces para mejorar los resultados generales del mantenimiento, porque se evitan las pérdidas de tiempo en el futuro, quedando, además, recursos libres para otros trabajos.

A la hora de documentar una intervención, es muy recomendable recoger todos los datos que puedan resultar útiles en el futuro, puesto que éstos pueden consultarse dentro de unos años, en los que la memoria será incapaz de recordar ningún detalle. Por esto, además, es importante redactar con claridad. No basta con escribir "aceite sucio", por ejemplo, sino que es necesario indicar la causa o su desconocimiento, y si se han limpiado los restos de suciedad. Así, en caso de que vuelva a reproducirse la situación, sabremos si la suciedad se ha generado de nuevo o se trata de los restos anteriores. En los casos en que no resulte fácil describir algo, pueden utilizarse fotografías, videos, dibujos u otros complementos.

Almacenes de repuestos

Cada vez es menos habitual encontrar una fábrica o taller que no disponga de repuestos para sus máquinas y herramientas. Además, en caso de que las piezas sean difíciles de conseguir o se tarde mucho en gestionar su compra, debemos tener existencias para evitar una parada de producción importante. También debemos comprobar que dispondremos de consumibles (aceite, pintura, etc.) y existencias en el momento de necesitarlas. Así que, de una forma u otra, debemos gestionar nuestro almacén.

La información básica que debemos controlar es: qué productos tenemos, cuántos tenemos, cuántos deberíamos tener, dónde están. Además, puede resultar necesario conocer su valor, las máquinas a la que están asociados, los consumos habituales, etc.

Documentación de las máquinas

Cuando se fabrica una máquina, se genera una documentación básica, como los manuales de funcionamiento, esquemas y planos, certificados, etc. Además, durante su vida útil, se irán adjuntando documentos relativos a su mantenimiento, modificaciones, etc. Esta información debe estar organizada y ser accesible para su consulta. En los casos más sencillos, se guarda esta documentación en un archivador, aunque con el tiempo, y sobre todo en plantas grandes, resulta necesario un sistema de gestión más avanzado. La mejor solución es centralizar esta información en un soporte informático que sea accesible para todo el personal implicado. Una práctica habitual es guardar una copia de los esquemas en la propia máquina, para poder consultarlos inmediatamente.

Aunque en los sistemas de gestión más básicos se utilizan poco, es importante tener información acerca de los costes de las intervenciones, de los materiales utilizados y de los almacenados. Esto permitirá elaborar estadísticas que ayuden a tomar decisiones sobre la actualización de la maquinaria, conocer los costes de fabricación, etc. Las aplicaciones informáticas más avanzadas disponen de funciones que facilitan enormemente la interpretación de estos datos.

(b) Órdenes de trabajo (OT)

Una herramienta muy utilizada en el mantenimiento son las órdenes de trabajo. Se trata de un documento en el que se recogen las directivas para realizar un trabajo, así como la información recogida durante la intervención.

Suelen tener un formato estandarizado, tipo formulario, de modo que todos los trabajos realizados dispongan de unos datos documentados que sean útiles para futuras consultas. Como he comentado antes, es recomendable redactar correctamente, aplicando las normas gramaticales básicas, para que puedan ser entendidas por cualquiera que lea el documento. Se crea una OT para cada nueva intervención. La OT suele mantenerse como "abierta" desde que se crea y mientras se realizan los trabajos, y una vez terminados y procesada la información, se "cierra", dándola por finalizada.

Los datos mínimos que debe contener una OT son la fecha de intervención, los trabajos que deben realizarse, quienes intervienen, los trabajos que se han realizado, los materiales consumidos, y el estado final en el que queda la máquina. También puede ser útil recopilar otros datos como los tiempos consumidos, desplazamientos realizados, costes, análisis de riesgos, causas, etc.

La OT debe ser un documento fácil y rápido de rellenar, con información relevante. De otro modo, se pierde demasiado tiempo y su utilidad se ve reducida. Además, debe ser comprensible en el momento de consultarla.

ORDEN DE TRABAJO

Nº OT	Fecha inicio	Fecha fin

Cliente

Domicilio

Responsable	Teléfono

Descripción máquina	Horas/km

Marca	Modelo	N/S	Año

Descripción breve	Tipo de servicio

Trabajos a realizar

- [ ] No afecta a operaciones ni producción
- [ ] Riesgo a niveles de inventario o calidad
- [ ] Afecta a inventario o calidad
- [ ] Riesgo de pérdida parcial de la producción
- [ ] Ocasionada pérdida parcial de la producción
- [ ] Riesgo de pérdida total de la producción
- [ ] Ocasionada pérdida total de la producción

- [ ] Función de repuesto disponible
- [ ] Hay opción de función de repuesto
- [ ] No hay opción de producción ni repuesto

- [ ] No afecta al consumo energético
- [ ] Afecta al consumo energético

- [ ] No hay riesgo de daño
- [ ] Riesgo de daños a instalaciones
- [ ] Riesgo de daños al medio ambiente
- [ ] Afecta a las instalaciones
- [ ] Afecta al medio ambiente
- [ ] Riesgo de daños a las personas
- [ ] Producido daños a las personas
- [ ] Requiere aviso a entes externos

Trabajos realizados

Cant	Descripción o código	Precio	Importe
		Total	

Resultado	Vº Bº puesta en servicio	Conforme cliente
Causas	(Puesto de trabajo despejado, limpio y listo para entrar en funcionamiento)	(Conforme con los trabajos realizados)

Ejemplo de una ficha para recopilar datos para una OT

ORDEN DE TRABAJO NÚMERO

OT1300712Q

Orden de trabajo cerrada

Instalación informática general
Marca: , Modelo: , N/5:
En Sener.»Selecconóico.»Ecajen.»({»FJ1.»En..»b.»Sampañ.,»Ecij.»{Sevilla}
Trabajo acumulado (h, km, ciclos): 0

ACTIVO

MA0220J

Análisis del riesgo:	Índice = 23
Ocasiona la pérdida parcial de la producción	
No hay opción de producción ni función de repuesto	
No afecta al consumo energético	
No provoca ningún daño a personas, cosas o al ambiente	

CLIENTE

EP004

Sadeonton Formeoión.SL
Avda. Meríc Aundiladora, 11
41400 - Écija
Sevilla   (Spain)

Tipo de servicio:	Electricidad

Finalización de trabajos:	18/04/2013

Descripción breve:	Ocultar cableado en aula de informática

Trabajos a realizar:
Sanear el cableado. Conectar y configurar todos los ordenadores.

Trabajos realizados:
17/04/2013:
Quitar todo el cableado del suelo.
Desconectar todas las torres.
Reparar un cajón de teclado roto.
Reparar un ratón roto.
Fijar todas las torres a las mesas.
Recablear todas las torres, peinando y fijando los cables con bridas.
Pasar cables UTP y tomas de corriente bajo las mesas.
Conectar enchufes y cables UTP.

18/04/2013:
Empalmar cable 3G2,5 desde toma de pared hasta base múltiple del switch.
Taladrar dos orificios en tabique de pladur para pasar los cables.
Pegar canaletas de suelo y fijar cables.
Colocar mesas en su posición y unirlas entre ellas mediante bridas.
Conectar todos los equipos.
Limpiar íconos de escritorio, definir tema estético de Windows 7, desactivar efectos para aumentar el rendimiento.
Actualizar antivirus y escanear todos los equipos. Aparece un virus movido al almacén. Todos los equipos quedan limpios.
Actualizar Java, Flash y Acrobat en todos los equipos.
Actualizaciones automáticas de Windows. No se completan todas debido a la baja velocidad de la conexión a internet.

Materiales utilizados:

Código	Lote	Descripción	Cantidad	Precio unitario	Dto	Canon	IVA	Total
PR0001497W		Brida nylon 3,6x295mm negra	100 ud	0,06	0	0	0	6,00
PR0000288N		Enchufe tipo schuko CEE-7/4 2P+T 250V 16A macho negro	1 ud	1,70	0	0	0	1,70
PR0000283F		Manguera cable 3G2,5mm2 negro	4 m	3,20	0	0	0	12,80
PR0001114K		Sellador acrílico blanco cartucho 300ml Sintex AC47	1 ud	2,18	0	0	0	2,18

Mano de obra:

Personal	Notas	Fecha	Unidades	Precio	IVA	Importe
PL002A E. Núrru	10:30-14:00h	17/04/2013	3,5	20,00	0	70,00
PL002A E. Núrru	11:00-11:45h	18/04/2013	0,75	20,00	0	15,00
PL002A E. Núrru	12:15-15:30h	18/04/2013	3,25	20,00	0	65,00
PL002A E. Núrru	17:30-21:00h	18/04/2013	3,5	20,00	0	70,00

Resultado:
Queda funcionando correctamente.

Causa principal del origen de la intervención:	Modificación o mejora

Ejemplo de una OT cumplimentada

Como las tareas de gestión del mantenimiento están más o menos estandarizadas, es grande la oferta de sistemas de gestión informatizados, que ayudan a tratar la información relativa al mantenimiento de forma rápida y eficiente. Además, permiten interpretar los datos almacenados para generar estadísticas que resulten útiles para tomar decisiones.

Existe una infinidad de sistemas GMAO, cubriendo prácticamente todas las necesidades. Precisamente es este abanico de posibilidades lo que dificulta la elección de un sistema, pudiendo complicar enormemente su implantación, debiendo en ocasiones descartarse y volver a empezar desde cero con otra solución. Para evitar este problema, es necesario que el analista responsable del software entienda las necesidades del cliente, para poder planificar cómo va a implantarse el sistema, detectando los problemas antes de comenzar el proceso.

En empresas de poca envergadura, los paquetes estándar tienen características suficientes para implantar el sistema en poco tiempo y sin grandes complicaciones. Es en las grandes plantas, con infinidad de maquinaria y personal implicado, donde puede ser más recomendable instalar un sistema personalizado. Esto requiere un mayor tiempo para adaptar el software e implementarlo, además de la formación de los usuarios.

Un sistema GMAO debe permitir la gestión de los datos comentados en el capítulo anterior, además de otras características que varían bastante de un sistema a otro, como puede ser la gestión de las compras de repuestos, facturación, contabilidad, etc. También pueden encontrarse programas que se instalan en el ordenador donde van a utilizarse, otros funcionan desde un servidor a través de una red local, otros utilizan la nube, etc. En el caso de empresas de mantenimiento que trabajan para muchos clientes, con desplazamientos constantes, estas características pueden ser determinantes.

La forma de administrar los datos marca la diferencia entre una solución y otra. Los listados o la forma de navegar pueden determinar su usabilidad y eficacia. Si debe dedicarse mucho tiempo a trabajar con la aplicación, será necesario asignar personal para la gestión, restando recursos para los trabajos de mantenimiento a pie de máquina. Sobre todo en las empresas más modestas, no debe subestimarse la importancia de la agilidad de uso, puesto que las horas dedicadas a la gestión al cabo del año pueden ser demasiadas.

La información que debe ser más fácilmente accesible en un sistema GMAO debe ser similar a la que necesitaríamos en una situación en la que no existiese ningún sistema de este tipo. El personal de mantenimiento debe saber en todo momento qué trabajos hay que realizar, cuándo deben realizarse, qué materiales se necesitan y si están disponibles. El software permitirá acceder y organizar esta información de forma más rápida y ordenada, además de reducir enormemente la posibilidad de fallos en la gestión.

En la actualidad es impensable un sistema de mantenimiento que no esté informatizado, salvo en empresas muy pequeñas o con muy pocas máquinas. Al cabo de varios años de su implantación, cuando deben consultarse datos de años anteriores, es cuando más se aprecia la utilidad de la GMAO. En caso de no existir, sería necesario navegar entre papeles para localizar la información necesaria. Además, al cotejar los datos de varios años, se puede apreciar la evolución de los sistemas, teniendo datos objetivos que ayuden a mejorar.

Si quieres conocer las aplicaciones más importantes en el mercado, solo tienes que escribir GMAO en tu buscador. También puedes ver la aplicación que hemos desarrollado en Fidestec, de la que estamos realmente orgullosos. Se llama FidesGeM, y está pensada para plantas industriales modestas, y para empresas relacionadas con el mantenimiento. Puedes ver más información en http://www.fidestec.com.

Trabajando constantemente con máquinas que están en movimiento, acometiendo trabajos muy distintos cada día, y manipulando maquinaria averiada, es muy alto el riesgo de tener un accidente. Resulta especialmente necesario que el personal de mantenimiento trabaje cuidadosamente, para evitar correr riesgos innecesarios, y transmitir además al resto del personal la necesidad de trabajar con seguridad. A menudo relativizamos los riesgos cuando realizamos acciones que dominamos, y es el exceso de confianza uno de los factores de riesgo que más nos ponen en peligro.

Los fabricantes de las máquinas aplican muchas normas y medidas de seguridad en sus productos. En las tareas de reparación o mantenimiento podemos encontrarnos en situaciones que los fabricantes no han previsto, por lo que nos podemos ver obligados a aplicar otras normas, y todo nuestro sentido común. En ocasiones, también tendremos que utilizar herramientas que no se han diseñado para ese uso concreto, aunque debemos evitarlo siempre que sea posible.

Para mí, uno de los principales argumentos para no descuidar la seguridad es que, en caso de accidente, las secuelas te van a acompañar toda tu vida, y ganar unos minutos por no adoptar las medidas necesarias te puede pesar durante el resto de tu vida. Trabajamos entre 1.400 y 1.900 horas al año, entre 35 y 50 años de nuestra vida, es decir entre 49.000 y 95.000 horas en total. Durante ese tiempo nos enfrentamos a muchas situaciones de riesgo, y sería ingenuo pensar que siempre vamos a salir ilesos. Si te apasiona lo que haces, seguramente no te sentirás muy satisfecho si no puedes desempeñar más este trabajo a causa de una secuela producida por un accidente.

Puedo sonar drástico, pero hay que dar a la seguridad la importancia que merece. Tu vida, tu salud y tu calidad de vida dependen de ello, y por lo tanto, también afecta directamente a tu familia. No lo olvides.

En un entorno industrial, los riesgos a los que nos enfrentamos son casi infinitos. Corrientes eléctricas, piezas en movimiento, vehículos circulando, productos químicos, zonas calientes, suelos resbaladizos, materiales inflamables, etc. Lo más importante es ser consciente de todos los riesgos que nos rodean, y aplicar las medidas necesarias para minimizarlos. No podemos vivir dentro de una armadura, pero conociendo los riesgos y aplicando el sentido común podremos ir a trabajar y volver a casa de una pieza todos los días.

Una cosa que no debes olvidar es que a menudo los accidentes graves se producen por una serie de causas encadenadas. Si intentamos prevenir todas o la mayoría de estas causas, es muy difícil que el accidente llegue a desencadenarse, o al menos reduciremos sus efectos. Si solamente actuamos sobre una de las causas, solo estaremos engañándonos, y si finalmente el accidente se materializa, nos daremos cuenta de nuestra ingenuidad de una forma dramática.

Vamos a conocer los riesgos más habituales en un entorno industrial. Probablemente encuentres más información y mejor expuesta en una búsqueda rápida en la web. Sin embargo, creo que mi trabajo no estaría completo si no te mostrase aquí esta información tan importante.

(a) Riesgos eléctricos

El cuerpo humano está formado por agua principalmente. Esto, añadiendo que las sales aumentan la conductividad del agua, hace que nuestra resistencia al paso de la corriente sea baja. En el caso de que una parte del cuerpo se conecte accidentalmente a una corriente eléctrica, cuanto menor sea nuestra resistencia, mayor será la corriente que nos atraviese (recuerda la ley de Ohm). La utilización de ropa aislante busca contrarrestar este efecto. Si la resistencia total del cuerpo es mayor, porque hemos añadido capas aislantes, la intensidad que puede atravesarnos es menor.

Los principales riesgos eléctricos se producen por tres causas:

- Contacto directo: Implica el contacto con una parte de la instalación normalmente en tensión. Por ejemplo, manipulando un cuadro eléctrico. Para prevenir este riesgo es necesario cortar la tensión antes de realizar la intervención. Los interruptores diferenciales también ayudan, porque normalmente deberían saltar en caso de electrocución.

La mala noticia es que, en industria, los diferenciales sueles ser menos sensibles que en viviendas, así que no esperes que te protejan demasiado.

- Contacto indirecto: Se produce al tocar un elemento metálico que no debería tener tensión, pero está en contacto accidentalmente con una parte en tensión. Por ejemplo, si al tocar un electrodoméstico sufres una descarga, seguramente algún elemento está "derivado", dejando que pase la corriente hasta la cubierta metálica. Este riesgo se evita conectando las partes metálicas que no deben estar en tensión con la tierra. Así, la corriente tendrá más facilidad para pasar a través de la toma de tierra (con una resistencia mínima) que a través del cuerpo. En este caso, el interruptor diferencial sí debería actuar, puesto que el cable de la toma de tierra, teniendo una resistencia muy baja, dejará pasar suficiente corriente como para hacerlo saltar. Es importante comprobar que las tomas de corriente hagan buen contacto en la toma de tierra, porque si este contacto es defectuoso, no existirá protección alguna. Concretamente, los interruptores tipo schuko reducen su eficacia si los contactos de la toma de tierra se ensucian con grasas.

- Arco eléctrico: Más conocido como chispazo o rayo, el arco eléctrico es una descarga producida a través del aire, o al entrar en contacto dos elementos con diferente potencial. El arco produce luz y calor, pudiendo provocar quemaduras, proyecciones de partículas y daños a la vista, desde deslumbramientos hasta ceguera. Cuando exista un riego evidente de producirse un arco, deben utilizarse gafas especiales y ropa resistente a las quemaduras y proyecciones.

Los daños producidos en el cuerpo cuando es atravesado por la corriente pueden ser:

- Fibrilación ventricular: Suele provocar la muerte, y se produce cuando la corriente eléctrica pasa a través del corazón, "pisando" las señales de los nervios que controlan el compás del latido, de modo que éste se detiene.
- Asfixia: Cuando la corriente pasa a través de los pulmones o el cerebro, bloquea las señales de los nervios y se detiene la respiración.

- Tetanización muscular: El mismo efecto que los anteriores, producidos en los músculos, que provoca su agarrotamiento. Su gravedad depende de la importancia de la zona afectada.
- Quemaduras internas y externas: Cuando se produce el paso de una gran cantidad de corriente, se producen quemaduras. Pueden ser leves o graves, incluso mortales.
- Embolias: Sobre todo con corriente continua, se produce una electrólisis de la sangre, que hace reaccionar químicamente a sus componentes.

Además, una descarga eléctrica nos puede provocar una sacudida que suponga una caída o proyección del cuerpo, provocando contusiones. En el caso de trabajos en altura, puede suponer una caída mortal.

Las medidas que deben adoptarse para prevenir estos riesgos son:

- Evitar el acceso al personal no cualificado a las zonas en tensión. Además, los elementos conductores fácilmente accesibles, como los embarrados, deberán estar aislados o cubiertos.
- No anular ningún sistema de protección.
- Revisar periódicamente el estado de los diferenciales (utilizando el botón de prueba) y medir el aislamiento de la toma de tierra.
- No intervenir sobre una instalación si no se está formado y autorizado, y en caso de observar algún problema, desenchufar el equipo y avisar al personal competente.
- Proteger el cableado contra el deterioro, roces, pisadas, etc.
- No utilizar herramientas húmedas ni intervenir en instalaciones con las manos o pies húmedos.
- Respetar la normativa sobre instalaciones eléctricas.
- No utilizar agua en la extinción de incendios si existe la posibilidad de que hayan partes en tensión.
- En caso de electrocución de una persona, desconectar la corriente. Si no es posible, apartarla del elemento conductor mediante algún objeto aislante (palo de madera, plástico, etc.).
- Al desconectar la tensión antes de realizar un trabajo, bloquear el elemento de corte para evitar que alguien pueda conectarlo antes de terminar.

- No llevar objetos metálicos como relojes, anillos o pulseras.
- Utilizar ropa y equipos de protección individual (EPI) adecuados, como guantes, banquetas, alfombras y herramientas aislantes.

A la hora de realizar un trabajo eléctrico, deben seguirse los siguientes pasos:

- Comprobar que el equipo de medida mide correctamente la tensión.
- Desconectar la tensión de la zona en la que se va a trabajar.
- Bloquear el elemento de desconexión para evitar que nadie más pueda reactivarlo.
- Medir que no exista tensión en la zona de trabajo.
- En media y alta tensión, poner a tierra y en cortocircuito todas las posibles fuentes de tensión.
- Establecer un perímetro de seguridad y señalizarlo, para que nadie no autorizado acceda a la zona.

Para más información sobre los riesgos eléctricos, te recomiendo que busques la "Guía técnica para la evaluación y prevención del riesgo eléctrico", publicada por el Instituto Nacional de Seguridad e Higiene en el Trabajo.

(b) Riesgos de incendio

En la mayoría de industrias se manipulan y almacenan materiales inflamables. Es importante conocer los riesgos de incendio, y cómo actuar en caso de producirse una situación de emergencia.

A la hora de almacenar productos inflamables, éstos deben estar separados del resto, siempre que sea posible. Además, los productos peligrosos, como disolventes, alcoholes, o combustibles líquidos, deben almacenarse en recipientes homologados.

Hay que prestar muchísima atención durante los trabajos de soldadura. Por ejemplo, una chispa que cae sobre un cartón puede parecer apagada, y reavivarse al cabo de media hora, posiblemente cuando ya no haya nadie vigilando. Estos trabajos deben realizarse en zonas limpias y despejadas, y si no es posible, con los medios de extinción necesarios muy cerca, y manteniendo una vigilancia durante varias horas después de finalizar el trabajo. Además, las ropas utilizadas serán de materiales que no prendan fácilmente, y que no se peguen a la piel. También hay que comprobar que no exista acumulación de gases, puesto que una chispa puede provocar una explosión.

Si nunca has disparado un extintor, seguramente la primera vez que lo hagas no te saldrá muy bien. Por eso deberías buscar la ocasión para probarlo (no vale robar un extintor ni disparar el de tu comunidad de vecinos, eso es vandalismo). Lo ideal es que sepas cómo funciona antes de enfrentarte a una situación de emergencia real. También debes conocer los distintos tipos de extintor existentes:

- Agua: Están en desuso. Disponen de una cámara con agua y una botella acoplada con gas propelente. Debe abrirse la válvula del gas antes de usarlo, para presurizarlo. Debes tener cuidado de no poner la cara encima, puesto que en algunas ocasiones el tapón de llenado puede salir proyectado.
- Polvo ABC: Son los más habituales. Disparan un polvo muy fino, que crea una capa protectora que ahoga la llama y evita que se reproduzca. Para que sean eficaces, debes lanzar disparos muy cortos a la base de las llamas, y en el caso de tubos de gas, desde la boca del tubo hacia la llama. El polvo es muy molesto y puede causar problemas respiratorios e irritación en los ojos. Además, penetra en cualquier orificio, de modo que costará mucho limpiar sus restos, sobre todo dentro de un cuadro eléctrico. No están recomendados en incendios eléctricos con media y alta tensión. En pequeños fuegos donde tienes tiempo de pensar, puedes utilizar otro medio de extinción.
- Extintores de CO_2: Se reconocen fácilmente porque tienen una manguera con una "trompeta" de plástico en su extremo. Proyectan dióxido de carbono, que desplaza el oxígeno, ahogando el fuego. Además, la caída de presión hace que el gas salga a una temperatura muy baja, ayudando a enfriar la zona. Su ventaja es que es muy limpio, no dejando ningún residuo, pero tiene varios inconvenientes. Al desplazar el oxígeno, hay riesgo de asfixia en lugares cerrados. Al dejar de disparar contra un objeto o líquido combustible, la llama se

reproduce con facilidad, de modo que hay que extinguir el fuego de una sola vez. Si se lanza el gas directamente sobre la piel produce quemaduras por congelación. También hay que tener cuidado al manejarlo, porque las conexiones metálicas pueden estar muy frías y producir también quemaduras. Para pequeños incendios, resulta el más recomendable, por su limpieza. También es la primera opción en cuadros eléctricos.

En instalaciones que requieran sistemas de extinción con bocas de incendio o sistemas de CO_2 automáticos (en cocinas industriales, por ejemplo), es importante que recibas la formación específica lo antes posible. En sistemas de aspersores por rotura de ampolla también es esencial conocer donde se cierra el paso del agua una vez extinguido el incendio, para evitar inundaciones.

(c) Riesgos mecánicos

Los riesgos mecánicos son los que se derivan de la acción de las partes en movimiento de una máquina o mecanismo. Se suelen clasificar en las siguientes formas:

- Peligro de cizallamiento: Para entenderlo fácilmente, el cizallamiento es el corte que produce una tijera. Aparte de las máquinas que se usan para cortar mediante este efecto, podemos encontrar piezas que se mueven una cerca de la otra, de modo que cualquier objeto que se interponga puede ser cortado. Los efectos pueden ser cortes o amputaciones de miembros.
- Peligro de atrapamiento o arrastre: En piezas rotativas o en elementos destinados a la transmisión del movimiento, como engranajes, correas o cadenas, cualquier parte del cuerpo puede quedar enganchada y la máquina puede tirar de ella. Hay que prestar atención a los atrapamientos de las manos, el cabello y la ropa. Es necesario llevar el pelo corto o recogido, ropa ajustada y no llevar objetos o herramientas colgadas cuando estemos en presencia de este riesgo. También puede ser importante no llevar relojes, pulseras, etc.

- Peligro de aplastamiento: Cuando dos partes móviles se acercan entre sí, o una móvil se acerca a otra estática, corremos el riesgo de que la persona o una parte del cuerpo sea aplastado. Este riesgo es mayor en operaciones de desplazamiento de cargas, o en partes de una máquina en movimiento. Los aplastamientos más habituales se producen en dedos y manos.
- Proyección de sólidos: Si un objeto sólido cae en una parte de la máquina que se mueve con cierta velocidad, éste puede salir proyectado y golpear al operario. Este riesgo debe prevenirse colocando barreras físicas, siempre que sea posible.
- Proyección de líquidos: Un escape de fluido hidráulico, por ejemplo, puede producirse si se rompe una conducción bajo presión. También pueden producirse proyecciones de líquidos calientes, productos químicos, etc. Deben comprobarse las instalaciones para prevenir roturas por desgaste, y en lugares de alto riesgo, o donde los efectos pueden ser más graves, se deben instalar barreras que detengan o desvíen la proyección.

Hay que tener en cuenta, antes de acercarnos a una máquina, que alguna parte puede tener energía acumulada, ya sea por presión de aire, por un muelle comprimido, etc. Hay que prever esta situación, ya que una descarga súbita de esa energía puede desencadenar uno de los riesgos anteriores.

(d) Riesgos de golpes o caídas

En todo momento estamos sometidos a riesgos de golpes o caídas en nuestra vida cotidiana. Sin embargo, en un entorno industrial las consecuencias pueden ser peores, porque una caída puede provocar que quedemos expuestos a otro riesgo mayor, como un atrapamiento o aplastamiento. Por ello debemos aumentar la atención y minimizar este riesgo al máximo. Debemos mantener limpio y despejado el puesto de trabajo, para evitar tropiezos y resbalones, señalizar las partes salientes de las estructuras, así como los escalones, colocar cubiertas blandas en las aristas en zonas de paso, etc.

Evita correr. Aumentarías el riesgo de caerte, y podrías chocar con algo o alguien que se cruce en tu camino. Limpia cualquier líquido que se derrame lo antes posible, y si no puedes aísla y señaliza la zona. Ve siempre con cuidado, pero si puedes eliminar el riesgo, hazlo. Es fácil tener un despiste, así que es mejor eliminar todas las posibilidades.

(e) Riesgos químicos

Los productos químicos se utilizan en prácticamente cualquier sitio. Nos vemos sometidos a sus riesgos constantemente, en nuestro hogar, en el trabajo, por la calle. En la industria se pueden utilizar productos muy potentes y peligrosos. Los efectos pueden ser muy variados: quemaduras químicas, irritación de la piel, asfixia, envenenamiento, incendio, etc.

Sería muy extenso tratar este tema en profundidad, por lo que simplemente comentaremos las pautas generales a seguir. Primeramente, debemos tener siempre localizados los productos que utilizamos, conocer sus efectos potenciales, las medidas a adoptar para su almacenamiento, manipulación, uso y deshecho. También debemos saber cómo actuar en caso de accidente o vertido. Pregunta e infórmate para conocer en todo momento el material que te rodea. Si desconoces esta información, puede darse el caso, por ejemplo, de que almacenes juntos varios productos incompatibles, generando un riesgo elevado sin ser siquiera consciente. Los fabricantes están obligados a publicar las fichas de seguridad de sus productos. Deberías leer y comprender todas las fichas de los productos que te rodean.

Presta especial atención a los vapores. Controla la ventilación, y vigila especialmente las tareas de soldadura.

(f) Equipos de protección individual (EPI)

Cuando no podemos eliminar los riesgos, al menos podemos utilizar elementos que los minimicen o reduzcan sus efectos. Los EPI son la ropa o accesorios que podemos colocarnos en función del riesgo que queramos controlar. Existen EPI para casi cualquier necesidad. Es importantísimo asegurarse de que el elemento que utilizamos es el adecuado para el riesgo concreto al que nos enfrentamos. Debemos comprobar los manuales y las inscripciones de que disponga. Los EPI más comunes son:

- Para la cabeza: Cascos, gorras de seguridad (recuerda que éstas no protegen contra caídas de objetos, solamente son para golpes contra objetos fijos).
- Para los ojos: Gafas de seguridad, gafas y pantallas para soldadura.
- Para los oídos: Cascos auditivos u orejeras, tapones.
- Para la cara: Pantallas de seguridad.
- Para las vías respiratorias: Mascarillas antipolvo, antigases, equipos de respiración autónoma.
- Para las manos: Guantes.
- Para los brazos: Manguitos anticorte, coderas, muñequeras.
- Para las rodillas: Rodilleras.
- Para el tronco: Chalecos, batas, fajas, delantales.
- Para los pies: Botas de seguridad.
- Para el cuerpo entero: Buzos.
- Equipos anticaída: Arneses, líneas de vida.

Cada uno de los elementos citados puede tener características distintas en función del riesgo al que esté destinado. Por ejemplo, existen guantes anticorte, antiabrasión, resistente a ácidos, a disolventes, aislantes térmicos, etc. Además, la ropa en general puede ser un EPI en sí, puesto que existe ropa ignífuga, resistente a agentes químicos, también puede ser de alta visibilidad para prevenir atropellos, etc.

(g) Cómo bloquear una máquina antes de intervenir

Como ya he comentado, los fabricantes de las máquinas aplican sistemas para reducir los riesgos durante su operación. Sin embargo, para trabajos de mantenimiento, los trabajos son distintos, por lo que las medidas de seguridad a adoptar también lo son. Sin embargo, vamos a ver las pautas básicas que debemos seguir siempre que sea posible, además de las indicaciones del fabricante.

Cuando trabajemos dentro de una máquina, fuera de las zonas de operación habituales, debemos cortar los suministros de energía. Además, comprobaremos que no quede energía acumulada. También nos aseguraremos de que nadie pueda reactivar la energía sin que hayamos abandonado la zona de peligro. Para ello, debemos realizar las siguientes operaciones en cada una de las entradas de energía:

- Cortar el paso de la energía mediante un interruptor, válvula, o cualquier dispositivo dispuesto por el fabricante.
- Bloquear el dispositivo para que solamente pueda ser activado por la persona que lo ha bloqueado.
- Aplicar tantos bloqueos como personas intervengan dentro de la zona de peligro, de modo que no se pueda activar la máquina hasta quitar todos los bloqueos.
- Señalizar debidamente cada dispositivo de bloqueo, para que se sepa qué persona lo ha colocado.
- Comprobar que no existe energía residual. En caso de fluidos a presión, ésta debe aliviarse. Para el caso de la corriente eléctrica, debe comprobarse que no hay corriente a la salida del dispositivo de bloqueo, así como los elementos que pueden almacenar corriente (condensadores, baterías, etc.).

La forma más práctica para aplicar este sistema es utilizando candados etiquetados, con una sola llave. El operario que coloca el candado debe llevar la llave encima, y no debe bajo ningún concepto dejársela a nadie más. De este modo podemos estar totalmente seguros de que cualquier persona que entra dentro de la máquina no puede trabajar con energía, hasta salir y quitar su bloqueo.

Las máquinas suelen llevar dispositivos que permiten realizar estas operaciones. Si no los tienen, hay que efectuar las modificaciones necesarias para poder aplicar este sistema. También existen dispositivos de bloqueo que se adaptan a múltiples situaciones.

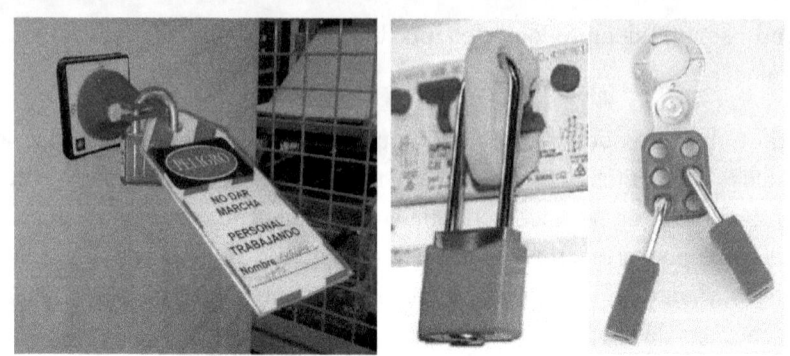

Creo que con los conocimientos adquiridos hasta ahora, ya puedes enfrentarte a las tareas del mantenimiento industrial con más confianza. Aunque la formación que tienes ahora serán un gran pilar sobre el que apoyarte, no pierdas nunca la humildad. Cuanto más aprendas, más serás consciente de lo mucho que te queda por aprender. Seguramente encontrarás muchas cosas nuevas y desconcertantes, que te obligarán a preguntar y a investigar constantemente. Esa es la magia de este mundillo. Nunca dejarás de aprender y de ver cosas nuevas. El camino es apasionante, te verás en situaciones en las que superarás retos cada vez más grandes, y la satisfacción de conseguirlo dibujará una sonrisa en tu cara.

Ya estás en disposición de aportar tu granito de arena para que la industria avance hacia el futuro. Entre todos mantendremos el mundo en movimiento.

Espero que hayas disfrutado leyendo este libro como yo escribiéndolo. Muchas gracias, y nos vemos en la industria.

(a) Conductores, componentes pasivos, elementos de control
     y protección básicos

Los símbolos más utilizados en instalaciones eléctricas son los siguientes:

Símbolo	Descripción
□ □ ○	**Objeto** (contorno de un Objeto). Deben incorporarse al símbolo o situarse en su proximidad otros símbolos o descripciones apropiadas para precisar el tipo de objeto. Si la representación lo exige se puede utilizar un contorno de otra forma
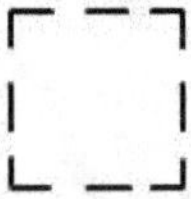 ⌐ ¬ ∟ ⌟	**Pantalla , Blindaje**
 ———————	**Conductor**
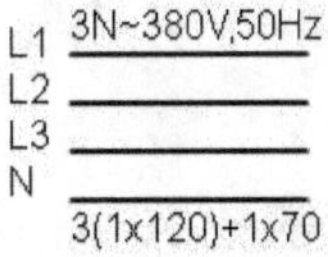 L1 3N~380V,50Hz L2 ——— L3 ——— N 3(1x120)+1x70	**Conductor.** Se pueden dar informaciones complementarias.
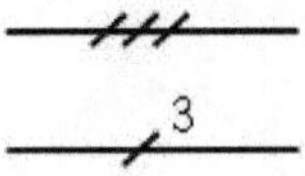 —///— —/³—	**Conductores(unifilar)**
 ⌐∿⌐	**Conexión flexible**

163

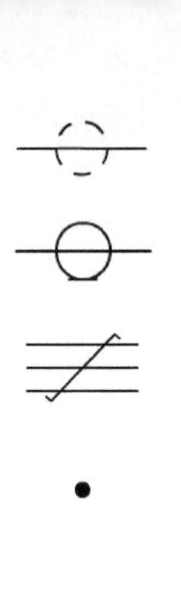

Conductor apantallado

Cable coaxial

Conexión trenzada.

Se muestran 3 conexiones.

● **Unión.**

Punto de conexión.

○ **Terminal**

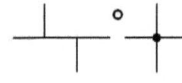

Regleta de terminales.

Se pueden añadir marcas de terminales.

Conexión en T

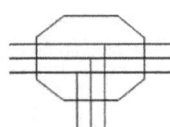

Unión doble de conductores.

La forma 2 se debe utilizar solamente si es necesario por razones de representación.

Caja de empalme, se muestra con tres conductores con T conexiones.

Representación multifilar.

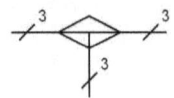

Caja de empalme, se muestra con tres conductores con T conexiones.

Representación unifilar.

Corriente continua

Corriente alterna

Corriente rectificada con componente alterna.

(Si es necesario distinguirla de una corriente rectificada y filtrada).

Polaridad positiva

Polaridad negativa

N   Neutro

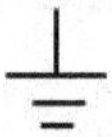

Tierra

Masa, Chasis

Equipotencialidad

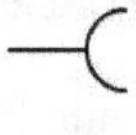

Contacto hembra. Base de enchufe

Contacto macho. Clavija de enchufe.

Base y Clavija

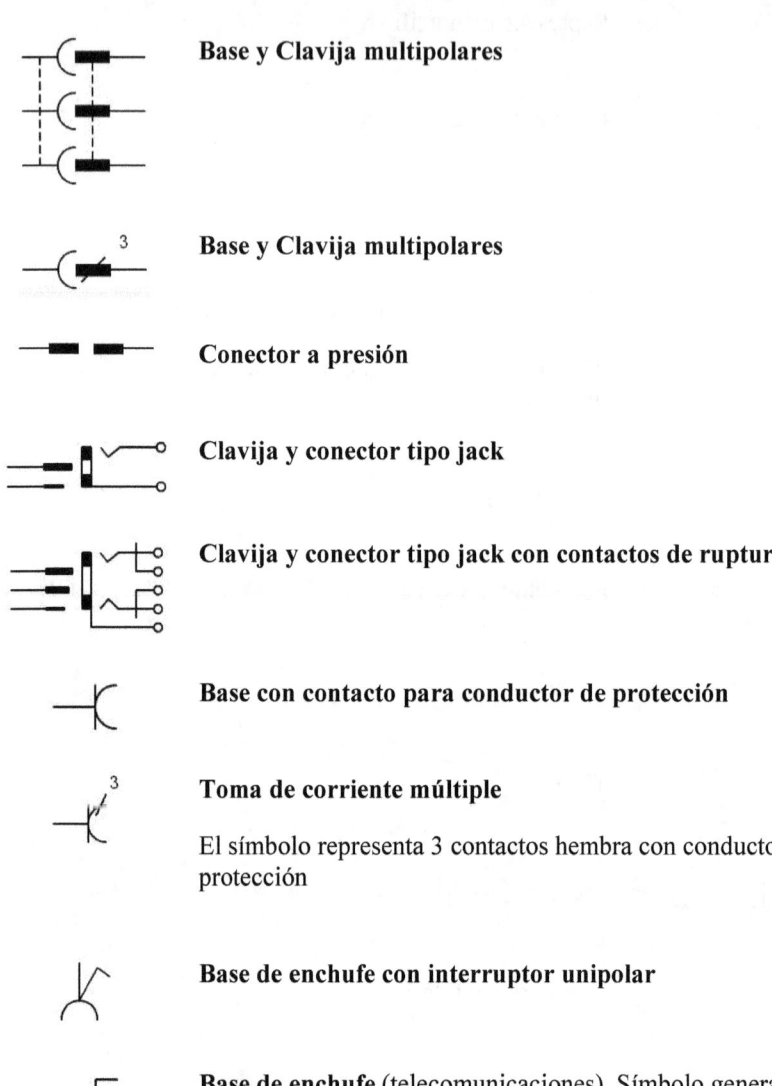

Base y Clavija multipolares

Base y Clavija multipolares

Conector a presión

Clavija y conector tipo jack

Clavija y conector tipo jack con contactos de ruptura

Base con contacto para conductor de protección

Toma de corriente múltiple

El símbolo representa 3 contactos hembra con conductor de protección

Base de enchufe con interruptor unipolar

Base de enchufe (telecomunicaciones). Símbolo general.

Las designaciones se pueden utilizar para distinguir diferentes tipos de tomas:

TP = teléfono
FX = telefax
M = micrófono
FM = modulación de frecuencia
TV = televisión

TX = telex

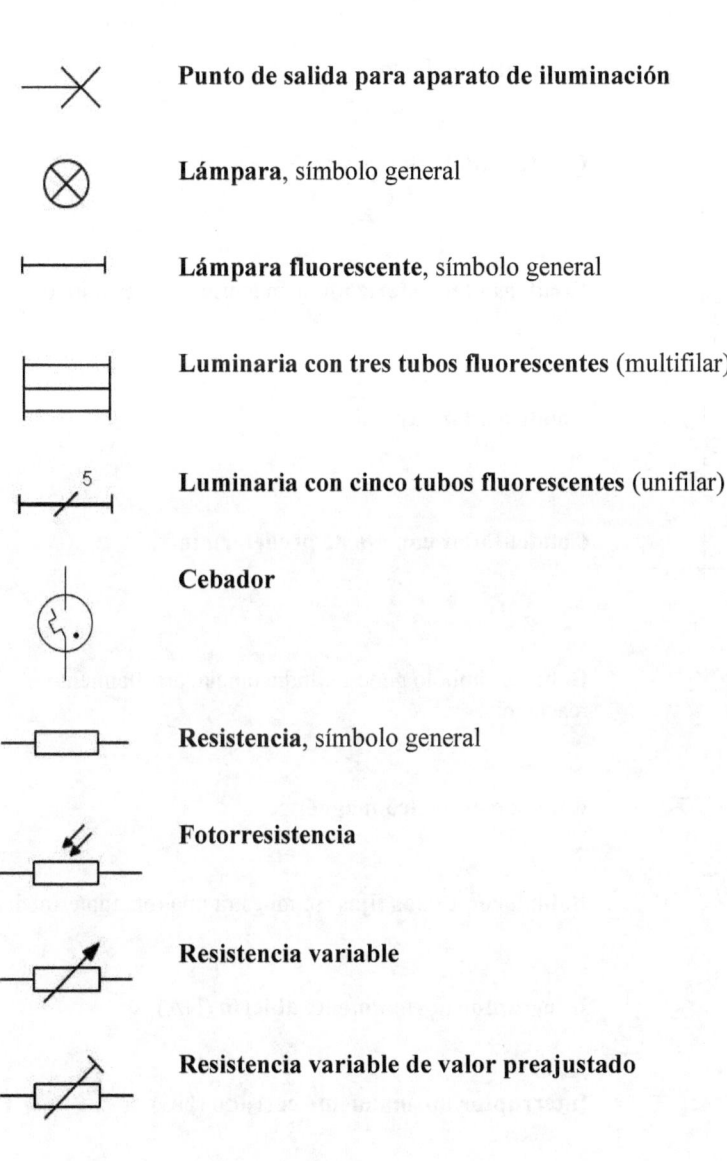= altavoz

Punto de salida para aparato de iluminación

Lámpara, símbolo general

Lámpara fluorescente, símbolo general

Luminaria con tres tubos fluorescentes (multifilar)

Luminaria con cinco tubos fluorescentes (unifilar)

Cebador

Resistencia, símbolo general

Fotorresistencia

Resistencia variable

Resistencia variable de valor preajustado

Potenciómetro con contacto móvil

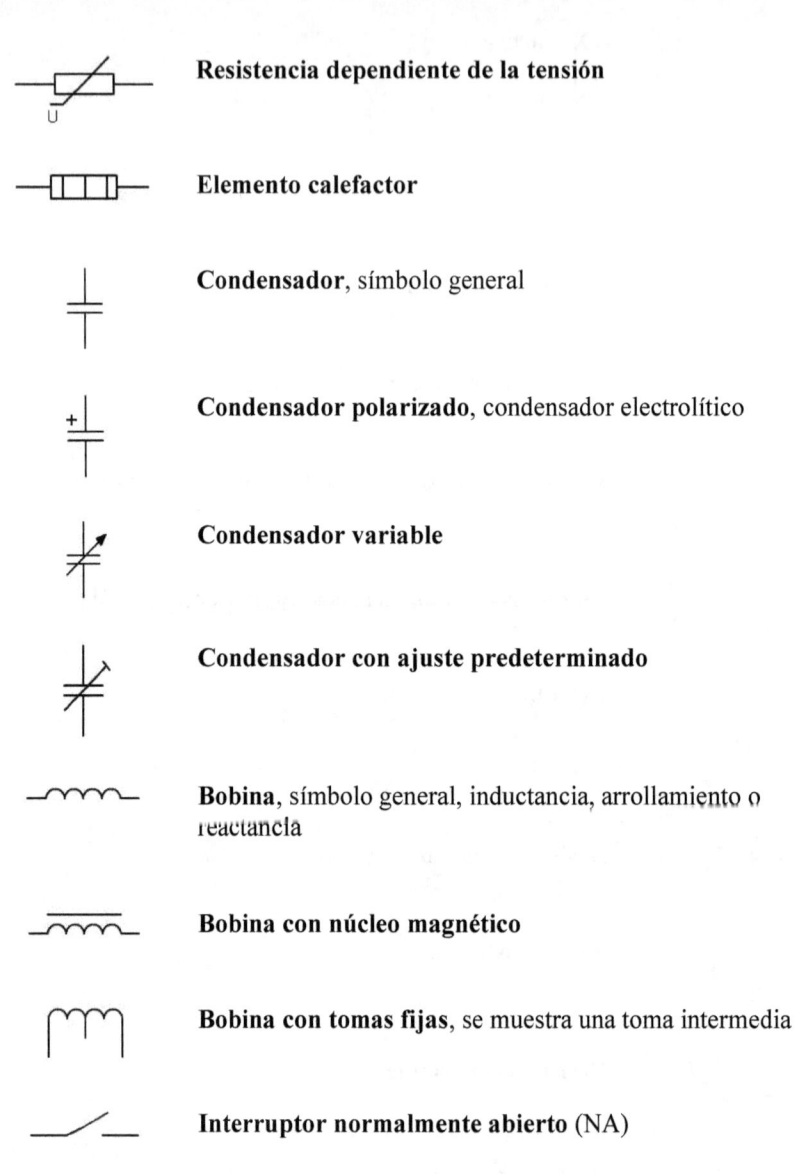

Resistencia dependiente de la tensión

Elemento calefactor

Condensador, símbolo general

Condensador polarizado, condensador electrolítico

Condensador variable

Condensador con ajuste predeterminado

Bobina, símbolo general, inductancia, arrollamiento o reactancia

Bobina con núcleo magnético

Bobina con tomas fijas, se muestra una toma intermedia

Interruptor normalmente abierto (NA)

Interruptor normalmente cerrado (NC)

Interruptor automático. Símbolo general.

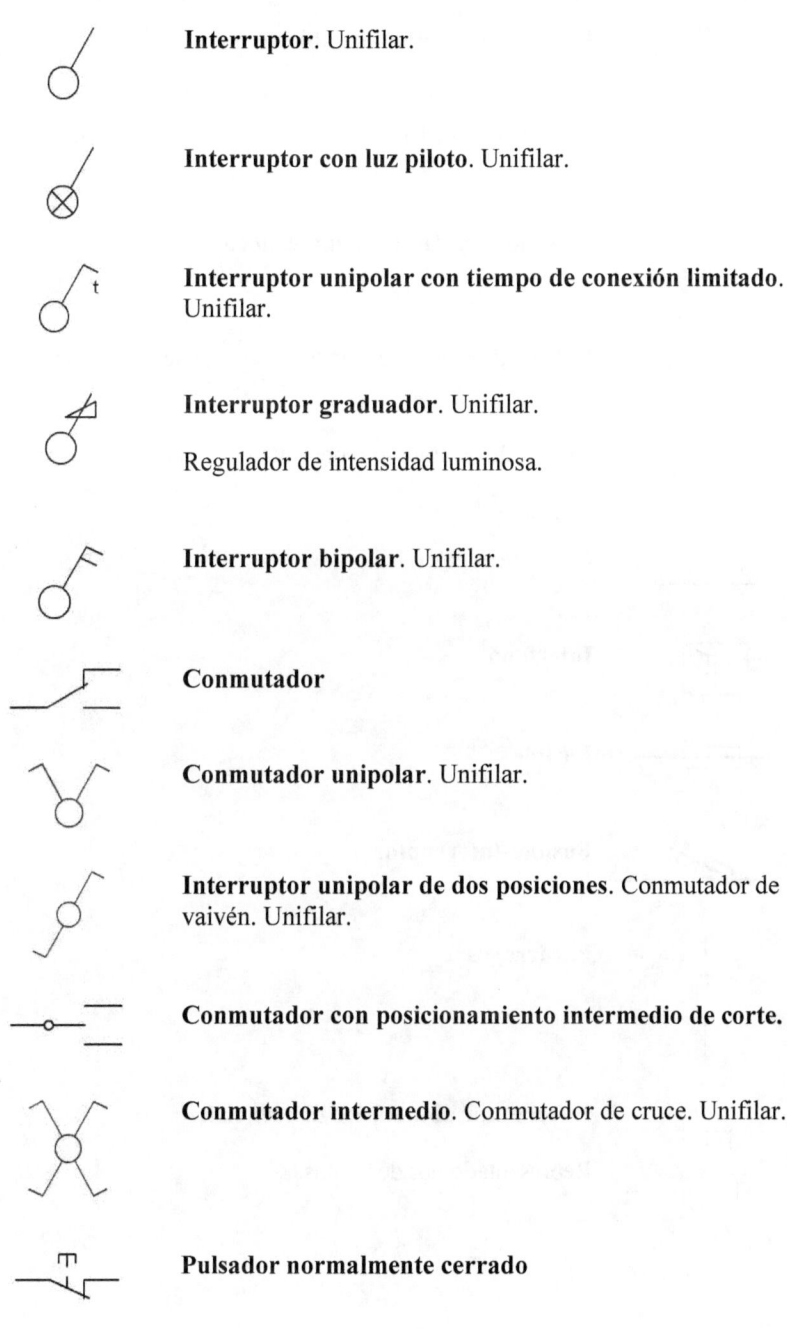

Interruptor. Unifilar.

Interruptor con luz piloto. Unifilar.

Interruptor unipolar con tiempo de conexión limitado. Unifilar.

Interruptor graduador. Unifilar.

Regulador de intensidad luminosa.

Interruptor bipolar. Unifilar.

Conmutador

Conmutador unipolar. Unifilar.

Interruptor unipolar de dos posiciones. Conmutador de vaivén. Unifilar.

Conmutador con posicionamiento intermedio de corte.

Conmutador intermedio. Conmutador de cruce. Unifilar.

Pulsador normalmente cerrado

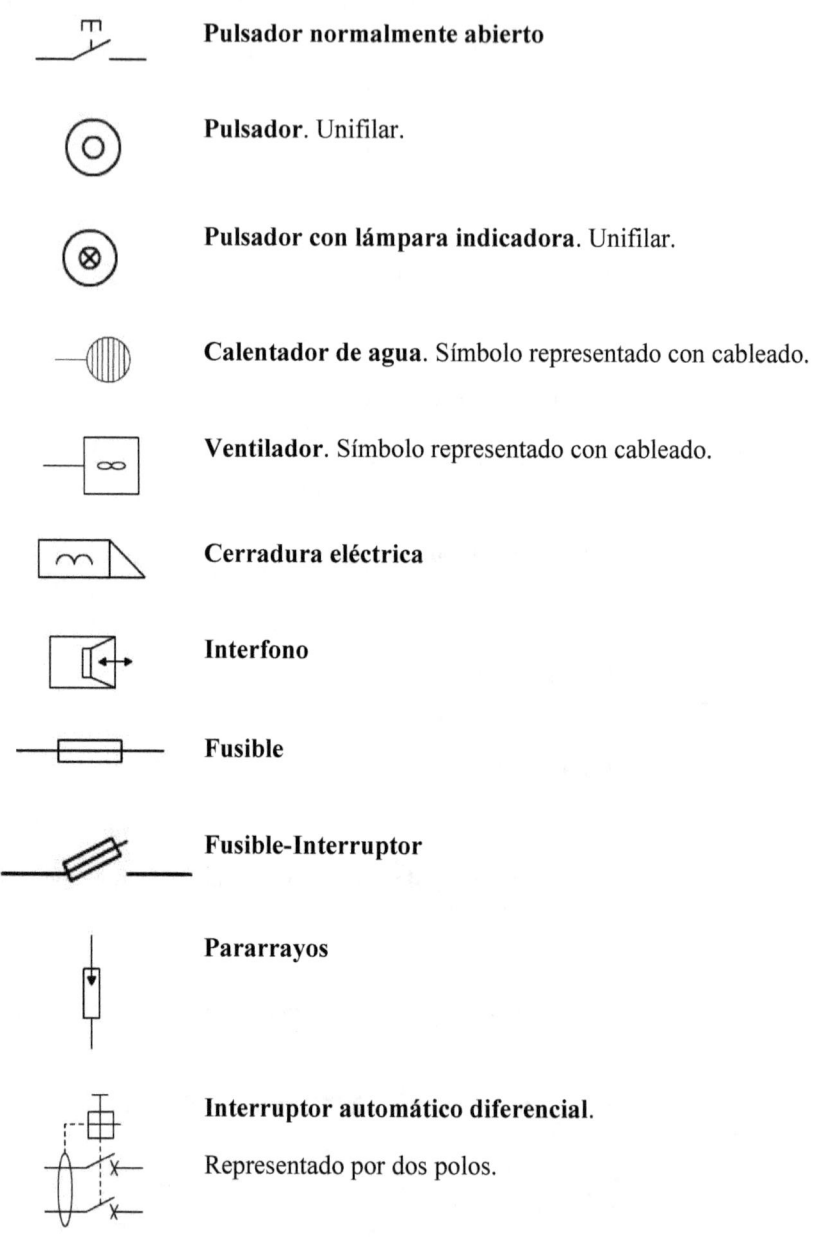

Pulsador normalmente abierto

Pulsador. Unifilar.

Pulsador con lámpara indicadora. Unifilar.

Calentador de agua. Símbolo representado con cableado.

Ventilador. Símbolo representado con cableado.

Cerradura eléctrica

Interfono

Fusible

Fusible-Interruptor

Pararrayos

Interruptor automático diferencial.

Representado por dos polos.

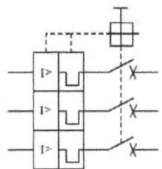 **Interruptor automático magnetotérmico** o guardamotor.

Representado por tres polos.

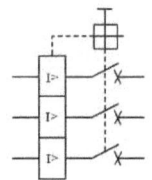 **Interruptor automático magnético.**

Interruptor automático de máxima intensidad.

Interruptor de control de potencia (ICP).

(b) Dispositivos de conmutación de potencia, relés, contactos y accionamientos

La obtención de los distintos símbolos se forman a partir de la combinación de acoplamientos, accionadores y otros símbolos básicos. A continuación se muestran los más importantes y luego algunos de los símbolos más comunes.

ACOPLAMIENTOS MECÁNICOS

Símbolo	Descripción
-------	**Conexión**, mecánica, hidráulica, óptica o funcional
══════	**Conexión**, mecánica, hidráulica, óptica o funcional. Sólo se utiliza cuando no puede utilizarse la forma anterior.
--→--	**Conexión**, con indicación del sentido de la fuerza o movimiento de la translación

---⋗---   **Conexión**, con indicación del sentido del movimiento de la rotación

⇐   ⇒   **Acción retardada.** Forma 1 y forma 2.

--◁---   **Con retorno automático.** El triángulo se dirige hacia el sentido del retorno.

---∨--   **Trinquete**, retén o retorno no automático. Dispositivo para mantener una posición dada.

---∨--   **Trinquete o retén liberado**

---∨--   **Trinquete o retén encajado**

---▽--   **Enclavamiento mecánico entre dos dispositivos**

---⌐---   **Dispositivo de enganche liberado**

---⌐---   **Dispositivo de enganche enganchado**

--□--   **Dispositivo de bloqueo**

--⊓⊔--   **Embrague mecánico desembragado**

--⊓⊔--   **Embrague mecánico embragado**

⌐⌐ Freno

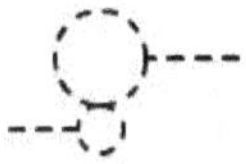

Engranaje

ACCIONADORES DE DISPOSITIVOS

Símbolo	Descripción
 ├---	**Accionador manual**, símbolo general
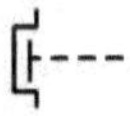	**Accionador manual protegido contra una operación no intencionada.** Pulsador con carcasa de protección de seguridad contra manipulación indebida.
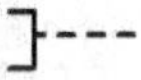 ⊐---	**Mando de tirador**
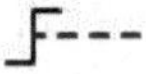 ⌐---	**Mando rotatorio**
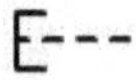 E---	**Mando de pulsador**
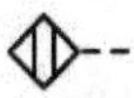 ◁▷--	**Mando por efecto de proximidad.** Detectores inductivos de proximidad.
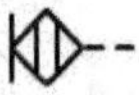 ⬦▷--	**Mando por contacto.** Palpador.
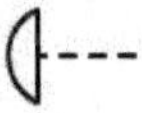 ◖---	**Accionamiento tipo "seta".** Pulsador de paro de emergencia.

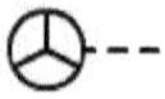

Mando de volante

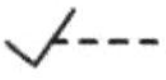

Mando de pedal

Mando de palanca

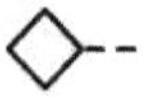

Mando manual amovible

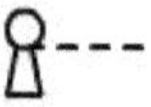

Mando de llave

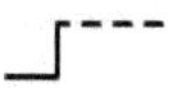

Mando de manivela

Mando de corredera o roldana. Final de carrera.

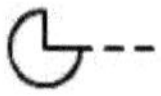

Mando de leva. Interruptor de leva

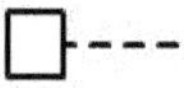

Mando por acumulación de energía

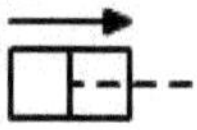

Accionamiento por energía hidráulica o neumática de simple efecto

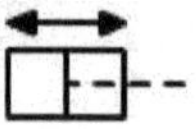

Accionamiento por energía hidráulica o neumática de doble efecto

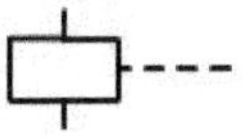

Accionamiento por efecto electromagnético. Relé.

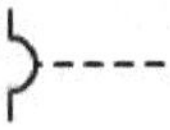

Accionamiento por un dispositivo electromagnético para protección contra sobreintensidad

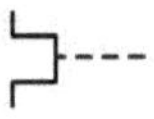

Accionamiento por un dispositivo térmico para protección contra sobreintensidad

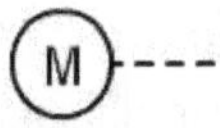

Mando por motor eléctrico

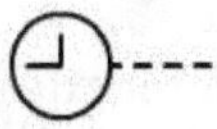

Mando por reloj eléctrico

Accionamiento por el nivel de un fluido. Boya de nivel de agua.

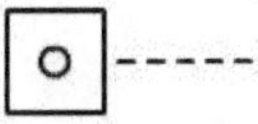

Accionado por un contador. Cuenta impulsos.

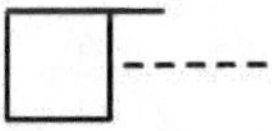

Accionado por el flujo de un fluido. Interruptor de flujo de agua.

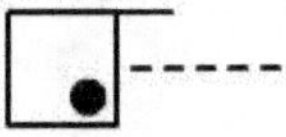

Accionado por el flujo de un gas. Interruptor de flujo de aire.

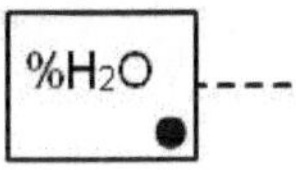

%H₂O **Accionado por humedad relativa**

Símbolo	Descripción
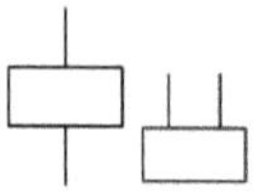	**Bobina de relé**, contactor u otro dispositivo de mando, símbolo general. Cualquiera de los dos símbolos es válido.
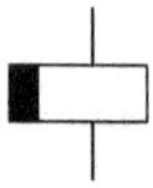	**Dispositivo de mando retardado a la desconexión**. Desconexión retardada al activar el mando.
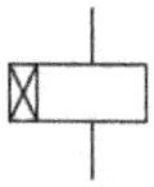	**Dispositivo de mando retardado a la conexión**. Conexión retardada al activar el mando.
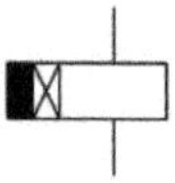	**Dispositivo de mando retardado a la conexión y a la desconexión**. Conexión retardada al activar el mando y también al desactivarlo.
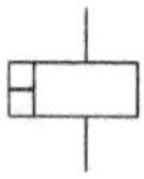	**Mando de un relé rápido**. Conexión y desconexión rápidas (relés especiales).
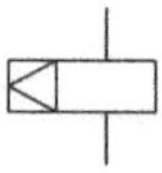	**Mando de un relé de enclavamiento mecánico**. Telerruptor.
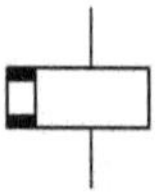	**Mando de un relé polarizado**
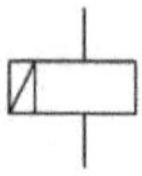	**Mando de un relé de remanencia**

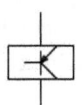 Mando de un relé electrónico

 Bobina de una electroválvula

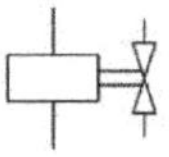

CONTACTOS DE ELEMENTOS DE CONTROL

Símbolo	Descripción

Interruptor normalmente abierto (NA)

Interruptor normalmente cerrado (NC)

Conmutador

Contacto inversor solapado. Cierra el NO antes de abrir NC.

Contacto de paso, con cierre momentáneo cuando su dispositivo de control se activa

Contacto de paso, con cierre momentáneo cuando su dispositivo de control se desactiva

Contacto de paso, con cierre momentáneo cuando su dispositivo de control se activa o se desactiva

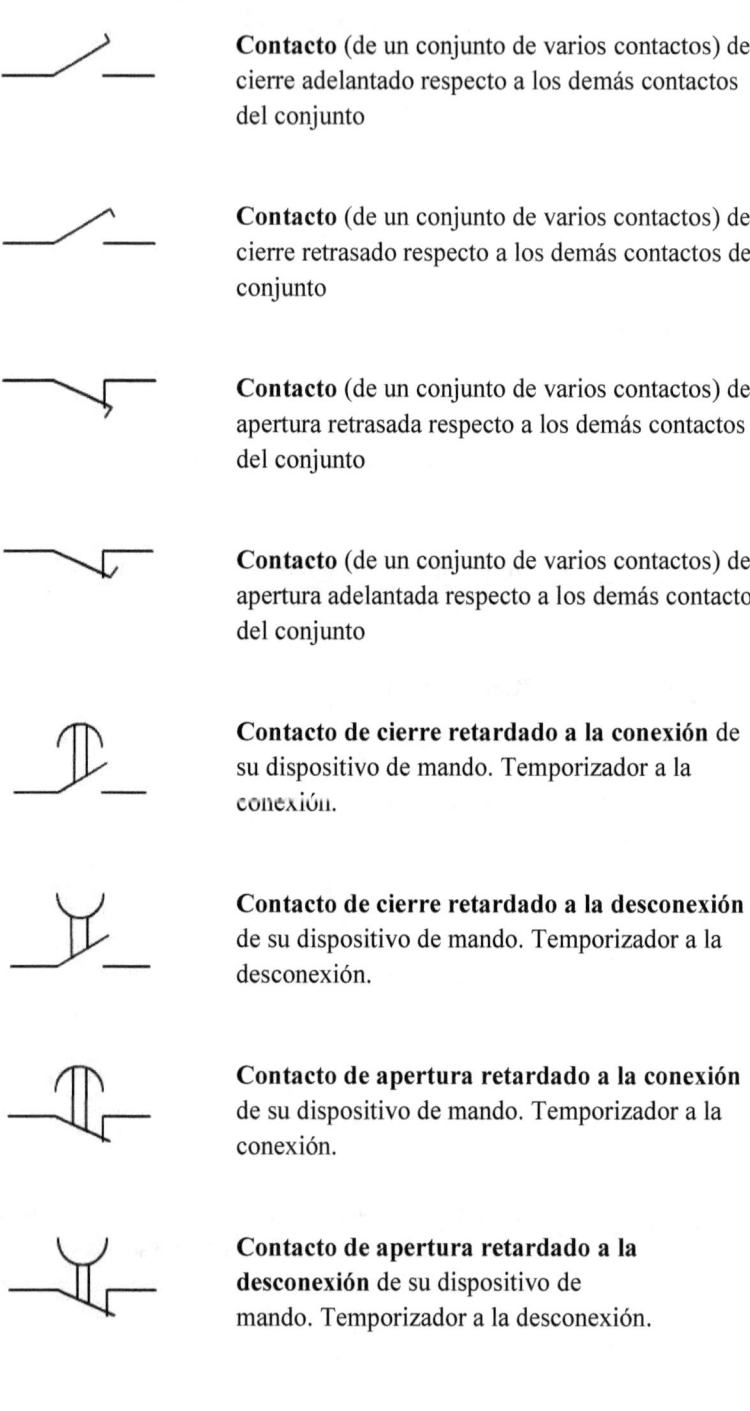

Contacto (de un conjunto de varios contactos) de cierre adelantado respecto a los demás contactos del conjunto

Contacto (de un conjunto de varios contactos) de cierre retrasado respecto a los demás contactos del conjunto

Contacto (de un conjunto de varios contactos) de apertura retrasada respecto a los demás contactos del conjunto

Contacto (de un conjunto de varios contactos) de apertura adelantada respecto a los demás contactos del conjunto

Contacto de cierre retardado a la conexión de su dispositivo de mando. Temporizador a la conexión.

Contacto de cierre retardado a la desconexión de su dispositivo de mando. Temporizador a la desconexión.

Contacto de apertura retardado a la conexión de su dispositivo de mando. Temporizador a la conexión.

Contacto de apertura retardado a la desconexión de su dispositivo de mando. Temporizador a la desconexión.

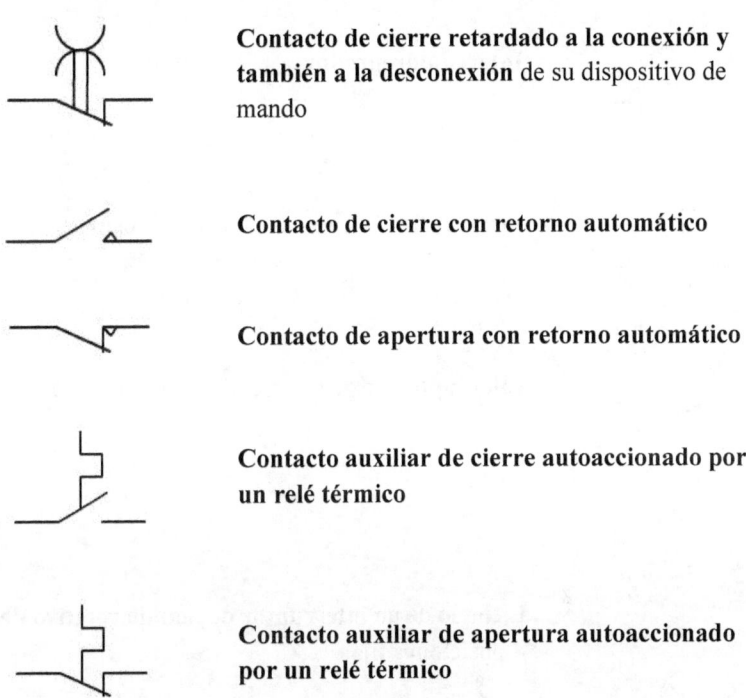

Contacto de cierre retardado a la conexión y también a la desconexión de su dispositivo de mando

Contacto de cierre con retorno automático

Contacto de apertura con retorno automático

Contacto auxiliar de cierre autoaccionado por un relé térmico

Contacto auxiliar de apertura autoaccionado por un relé térmico

CONTACTOS DE ACCIONADORES DE MANDO MANUAL

Símbolo	Descripción

Contacto de cierre de control manual, símbolo general

Pulsador normalmente abierto (retorno automático)

Pulsador normalmente cerrado (retorno automático)

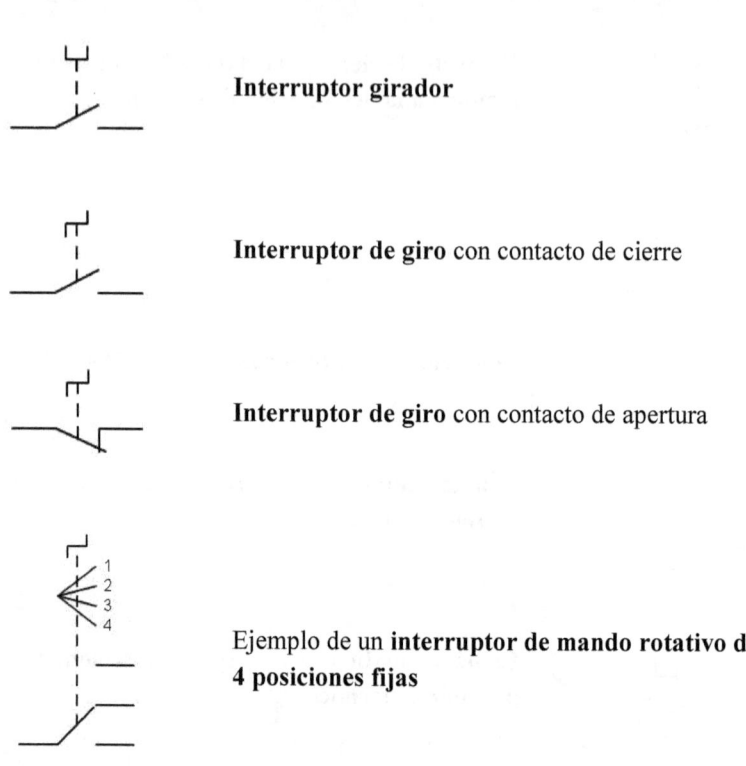

Interruptor girador

Interruptor de giro con contacto de cierre

Interruptor de giro con contacto de apertura

Ejemplo de un **interruptor de mando rotativo de 4 posiciones fijas**

ELEMENTOS CAPTADORES DE CAMPO

Símbolo	Descripción

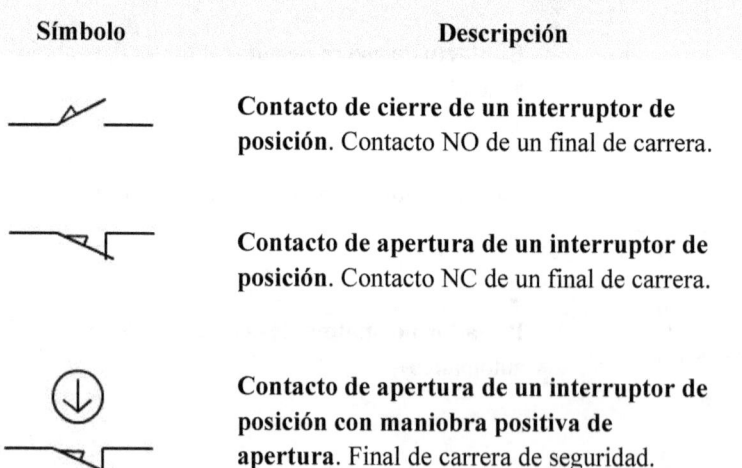

Contacto de cierre de un interruptor de posición. Contacto NO de un final de carrera.

Contacto de apertura de un interruptor de posición. Contacto NC de un final de carrera.

Contacto de apertura de un interruptor de posición con maniobra positiva de apertura. Final de carrera de seguridad.

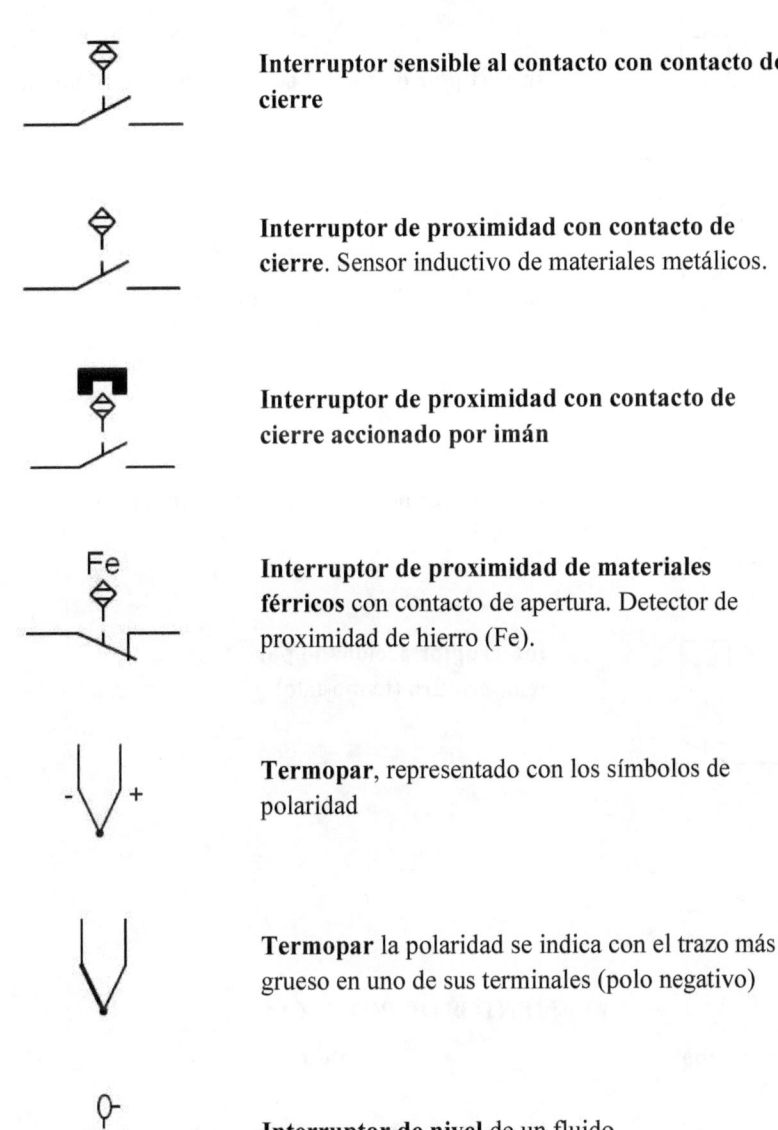

Interruptor sensible al contacto con contacto de cierre

Interruptor de proximidad con contacto de cierre. Sensor inductivo de materiales metálicos.

Interruptor de proximidad con contacto de cierre accionado por imán

Interruptor de proximidad de materiales férricos con contacto de apertura. Detector de proximidad de hierro (Fe).

Termopar, representado con los símbolos de polaridad

Termopar la polaridad se indica con el trazo más grueso en uno de sus terminales (polo negativo)

Interruptor de nivel de un fluido.

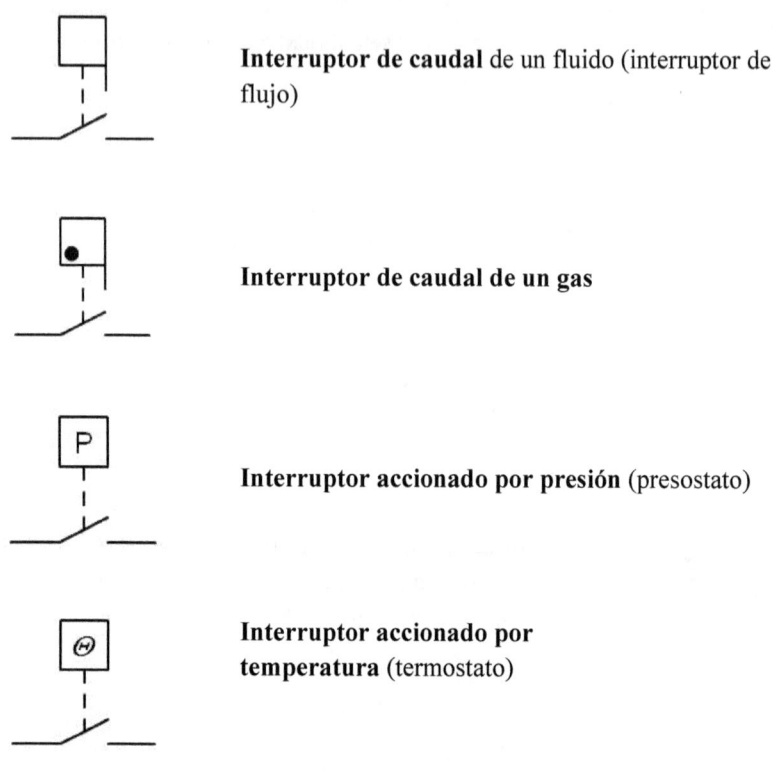

Interruptor de caudal de un fluido (interruptor de flujo)

Interruptor de caudal de un gas

Interruptor accionado por presión (presostato)

Interruptor accionado por temperatura (termostato)

ELEMENTOS DE POTENCIA

Símbolo	Descripción
	Contactor, contacto principal de cierre de un contactor. Contacto abierto en reposo.
	Contactor, contacto principal de apertura de un contactor. Contacto cerrado en reposo.

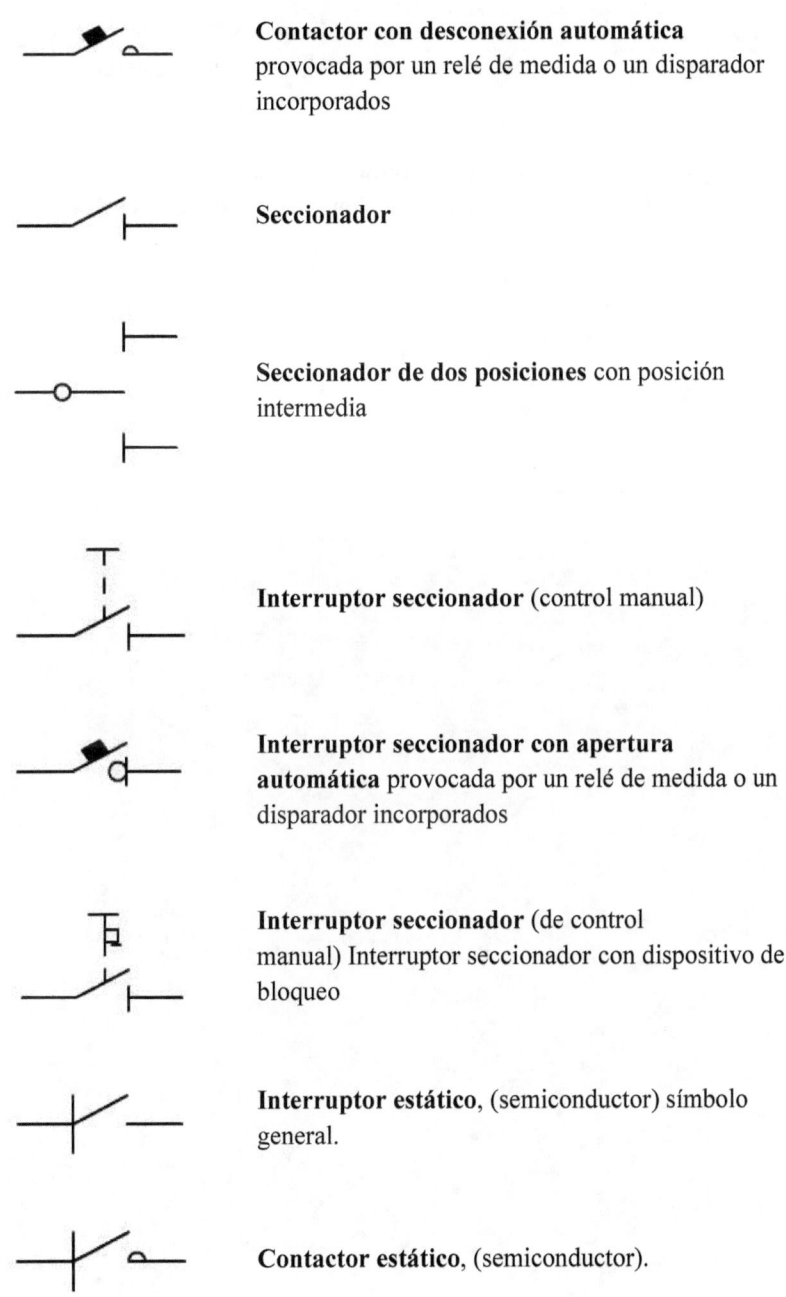

Contactor con desconexión automática provocada por un relé de medida o un disparador incorporados

Seccionador

Seccionador de dos posiciones con posición intermedia

Interruptor seccionador (control manual)

Interruptor seccionador con apertura automática provocada por un relé de medida o un disparador incorporados

Interruptor seccionador (de control manual) Interruptor seccionador con dispositivo de bloqueo

Interruptor estático, (semiconductor) símbolo general.

Contactor estático, (semiconductor).

 **Contactor estático**, (semiconductor) con el paso de la corriente en un solo sentido. Izquierdas.

 **Contactor estático**, (semiconductor) con el paso de la corriente en un solo sentido. Derechas.

Símbolo	Descripción

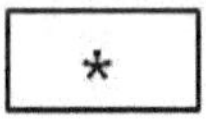

Relé de medida.

Dispositivo relacionado con un relé de medida.

1.- El asterisco se debe reemplazar por una o más letras o símbolos distintivos que indique los parámetros del dispositivo en el siguiente orden:

- Magnitud característica y su forma de variación.
- Sentido de flujo de la energía.
- Campo de ajuste.
- Relación de restablecimiento.
- Acción retardada.
- Valor de retardo temporal

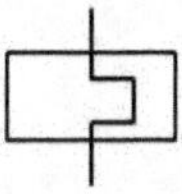

Relé electro térmico

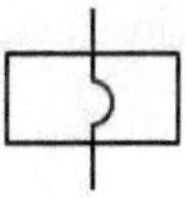

Relé electromagnético

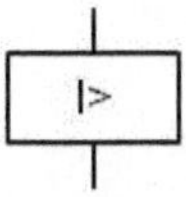

Relé de máxima intensidad (sobreintensidad)

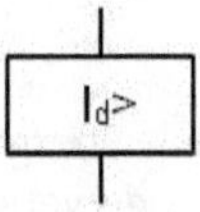

Relé de corriente diferencial

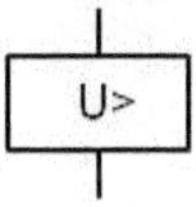

Relé de máxima tensión (sobretensión)

Aparato registrador. Símbolo general.

El asterisco se sustituye por el símbolo de la magnitud que registrará el aparato

Vatímetro registrador.

Oscilógrafo.

Aparato integrador. Símbolo general.

El asterisco se sustituye por la magnitud de medida

Contador horario. Contador de horas.

Amperihorímetro. Contador de Amperios-hora.

Contador de energía activa.
Varihorímetro. Contador de vatios-hora

Contador de energía activa, que mide la energía transmitida en un solo sentido. Contador de vatios-hora

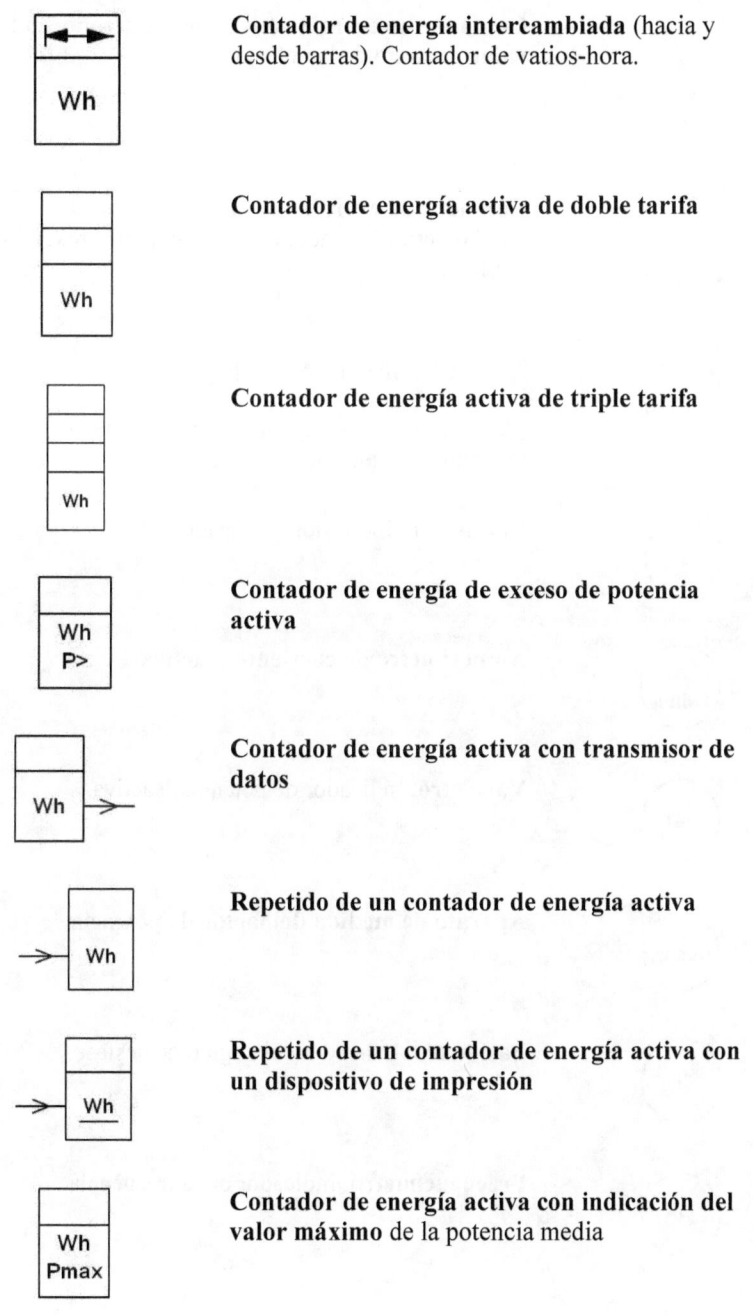

Contador de energía intercambiada (hacia y desde barras). Contador de vatios-hora.

Contador de energía activa de doble tarifa

Contador de energía activa de triple tarifa

Contador de energía de exceso de potencia activa

Contador de energía activa con transmisor de datos

Repetido de un contador de energía activa

Repetido de un contador de energía activa con un dispositivo de impresión

Contador de energía activa con indicación del valor máximo de la potencia media

Contador de energía activa con registrador del valor máximo de la potencia media

Contador de energía reactiva.
Varihómetro. Contador de voltioamperios reactivos por hora

Aparato indicador. Símbolo general.

El asterisco se sustituye por el símbolo de la magnitud que indicará el aparato.

Voltímetro. Indicador de tensión.

Amperímetro de corriente reactiva

Vármetro. Indicador de potencia reactiva.

Aparato de medida del factor de potencia

Fasímetro. Indicador del ángulo de desfase.

Frecuencímetro. Indicador de la frecuencia.

Sincronoscopio. Indicador del desfase entre dos señales para su sincronización.

 Ondámetro. Indicador de la longitud de onda.

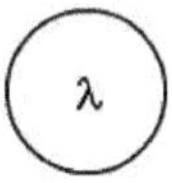

 Osciloscopio. Indicador de formas de onda.

 Voltímetro diferencial. Indicador de la diferencia de tensión entre dos señales.

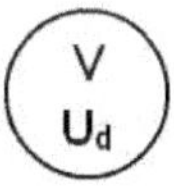

 Termómetro. Pirómetro. Indicador de la temperatura.

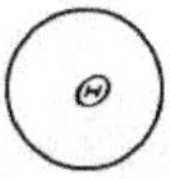

 Tacómetro. Indicador de las revoluciones.

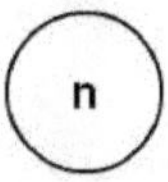

 Lámpara de señal, símbolo general.

Si se desea indicar el color, se debe colocar el siguiente código junto al símbolo:

RD ó C2 = rojo
OG ó C3 = Naranja
YE ó C4 = amarillo
GN ó C5 = verde
BU ó C6 = azul
WH ó C9 = blanco

Si se desea indicar el tipo de lámpara, se debe colocar el siguiente código junto al símbolo:

Ne = neón
Xe = xenón
Na = vapor de sodio
Hg = mercurio

I = yodo
IN = incandescente
EL = electromínínico
ARC = arco
FL = fluorescente
IR = infrarrojo
UV = ultravioleta
LED = diodo de emisión de luz.

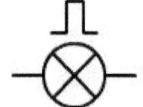 **Lámpara de señalización**, tipo oscilatorio (intermitente).

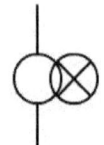 **Lámpara alimentada mediante transformador** incorporado.

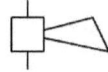 **bocina**.

 Timbre, campana

 Zumbador

 Sirena

 Silbato de accionamiento eléctrico

 Elemento de señalización electromecánico

(c) Producción, transformación y conversión de la energía eléctrica

Símbolo	Descripción
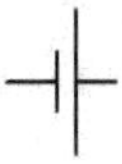	**Pila o acumulador**, el trazo largo indica el positivo
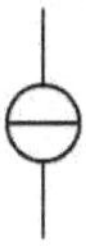	**Fuente de corriente ideal**
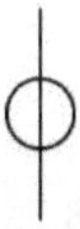	**Fuente de tensión ideal**
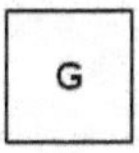	**Generador no rotativo**. Símbolo general.
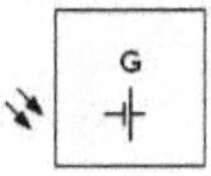	**Generador fotovoltaico**
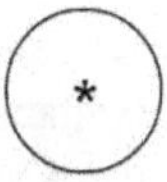	**Máquina rotativa**. Símbolo general. El asterisco, *, será sustituido por uno de los símbolos literales siguientes: C = Conmutatriz G = Generador GS = Generador síncrono M = Motor MG = Máquina reversible (que puede ser usada como motor y generador) MS = Motor síncrono
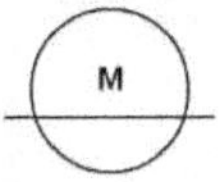	**Motor lineal**. Símbolo general.

 **Motor de corriente continua**

 Motor paso a paso

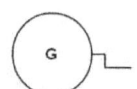 **Generador manual**. Generador de corriente de llamada, magneto.

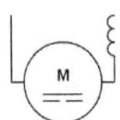 **Motor serie**, de corriente continua

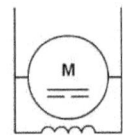 **Motor de excitación** (shunt) derivación, de corriente continua

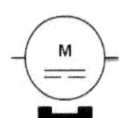 **Motor de corriente continua de imán permanente**

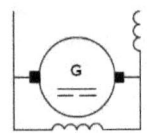 **Generador de corriente continua** con excitación compuesta corta, representado con terminales y escobillas

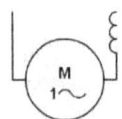 **Motor de colector serie monofásico**. Máquina de corriente alterna.

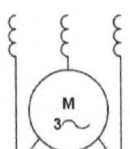 **Motor serie trifásico**. Máquina de colector.

Motor síncrono monofásico

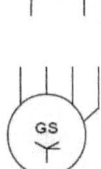

Generador síncrono trifásico, con inducido en estrella y neutro accesible

Generador síncrono trifásico de imán permanente

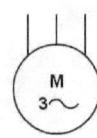

Motor de inducción trifásico con rotor en jaula de ardilla

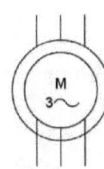

Motor de inducción trifásico con rotor bobinado

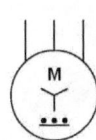

Motor de inducción trifásico con estator en estrella y arrancador automático incorporado.

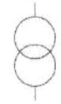

Transformador de dos arrollamientos (monofásico). Unifilar.

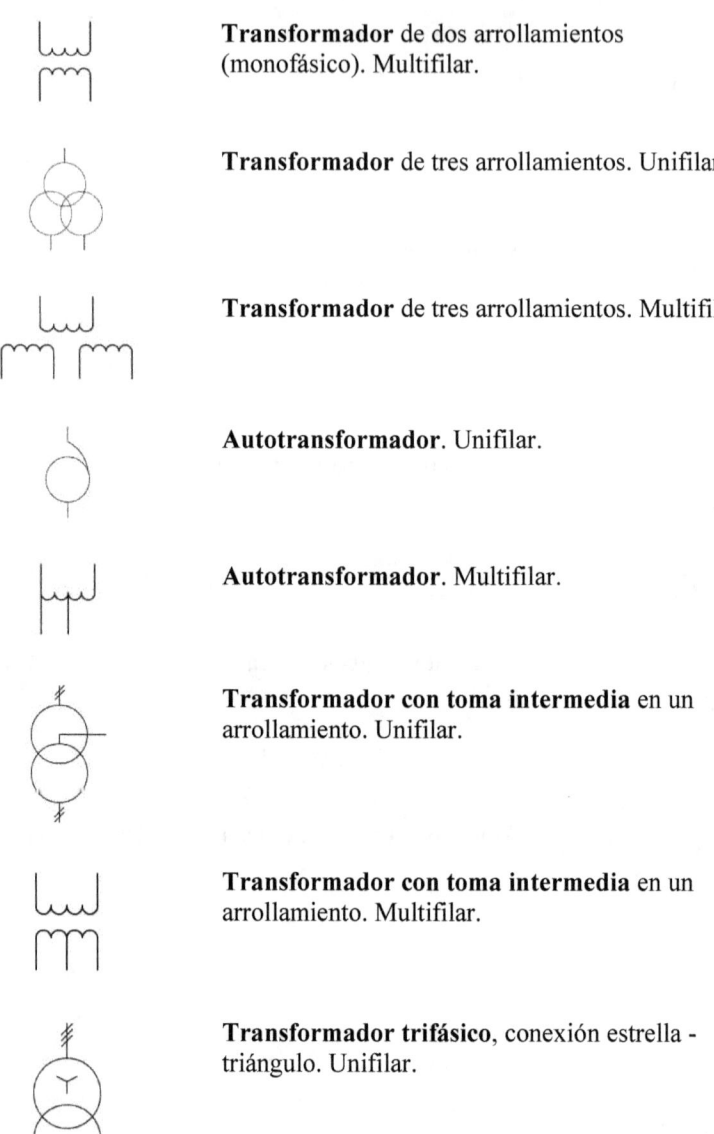

Transformador de dos arrollamientos (monofásico). Multifilar.

Transformador de tres arrollamientos. Unifilar.

Transformador de tres arrollamientos. Multifilar.

Autotransformador. Unifilar.

Autotransformador. Multifilar.

Transformador con toma intermedia en un arrollamiento. Unifilar.

Transformador con toma intermedia en un arrollamiento. Multifilar.

Transformador trifásico, conexión estrella - triángulo. Unifilar.

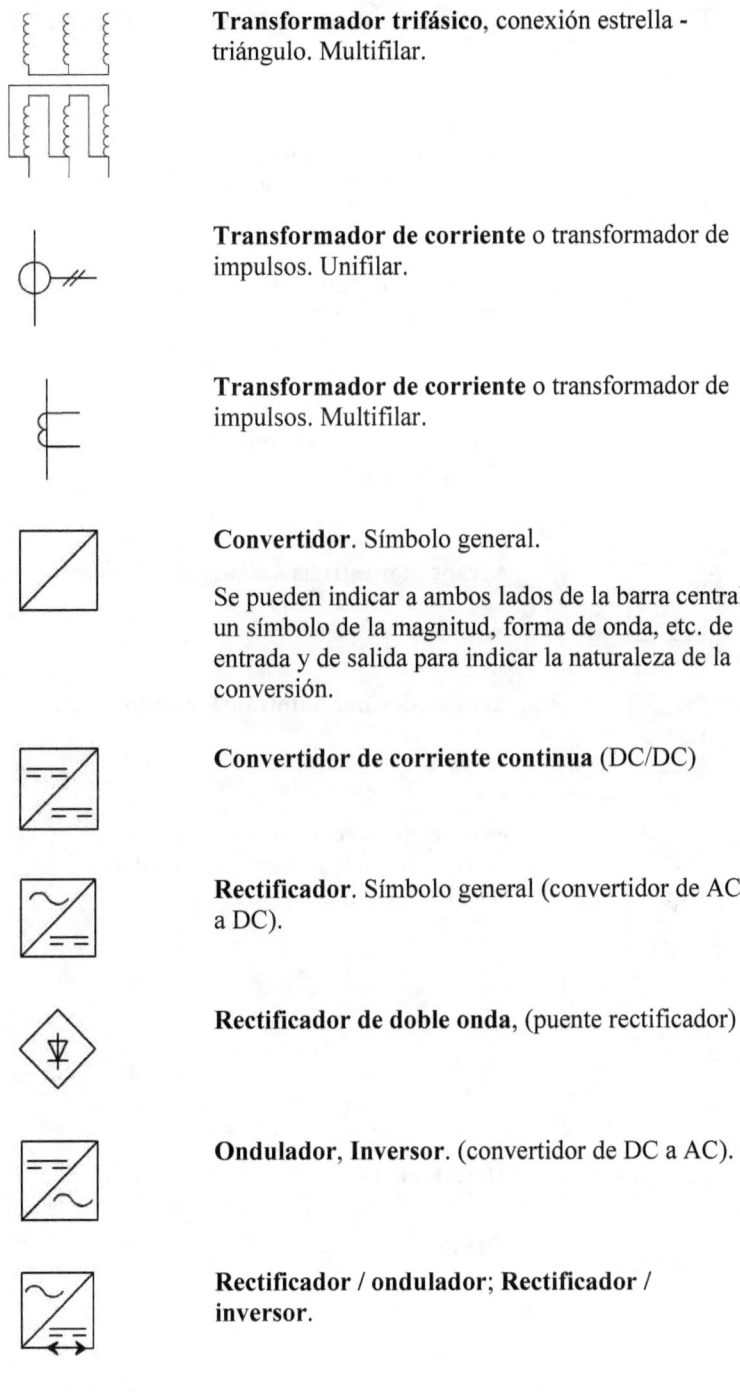

Transformador trifásico, conexión estrella - triángulo. Multifilar.

Transformador de corriente o transformador de impulsos. Unifilar.

Transformador de corriente o transformador de impulsos. Multifilar.

Convertidor. Símbolo general.

Se pueden indicar a ambos lados de la barra central un símbolo de la magnitud, forma de onda, etc. de entrada y de salida para indicar la naturaleza de la conversión.

Convertidor de corriente continua (DC/DC)

Rectificador. Símbolo general (convertidor de AC a DC).

Rectificador de doble onda, (puente rectificador)

Ondulador, **Inversor**. (convertidor de DC a AC).

Rectificador / ondulador; **Rectificador / inversor**.

Arrancador de motor. Símbolo general. Unifilar.

Arrancador de motor por etapas. Se puede indicar el número de etapas. Unifilar.

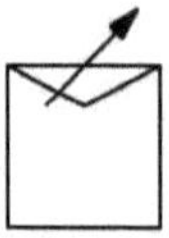

Arrancador regulador, Variador de velocidad. Unifilar.

Arrancador directo con contactores para cambiar el sentido de giro del motor. Unifilar.

Arrancador estrella - triángulo. Unifilar.

Arrancador por autotransformador. Unifilar.

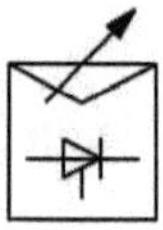

Arrancador - regulador por tiristores, Convertidores de frecuencia, Variadores de velocidad. Unifilar.

(d) Semiconductores

Símbolo	Descripción
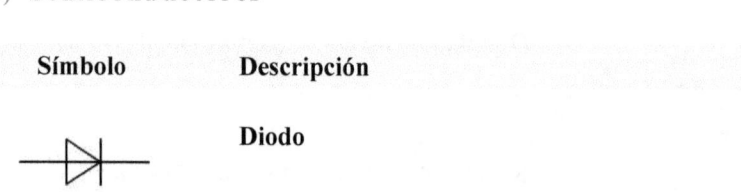	**Diodo**

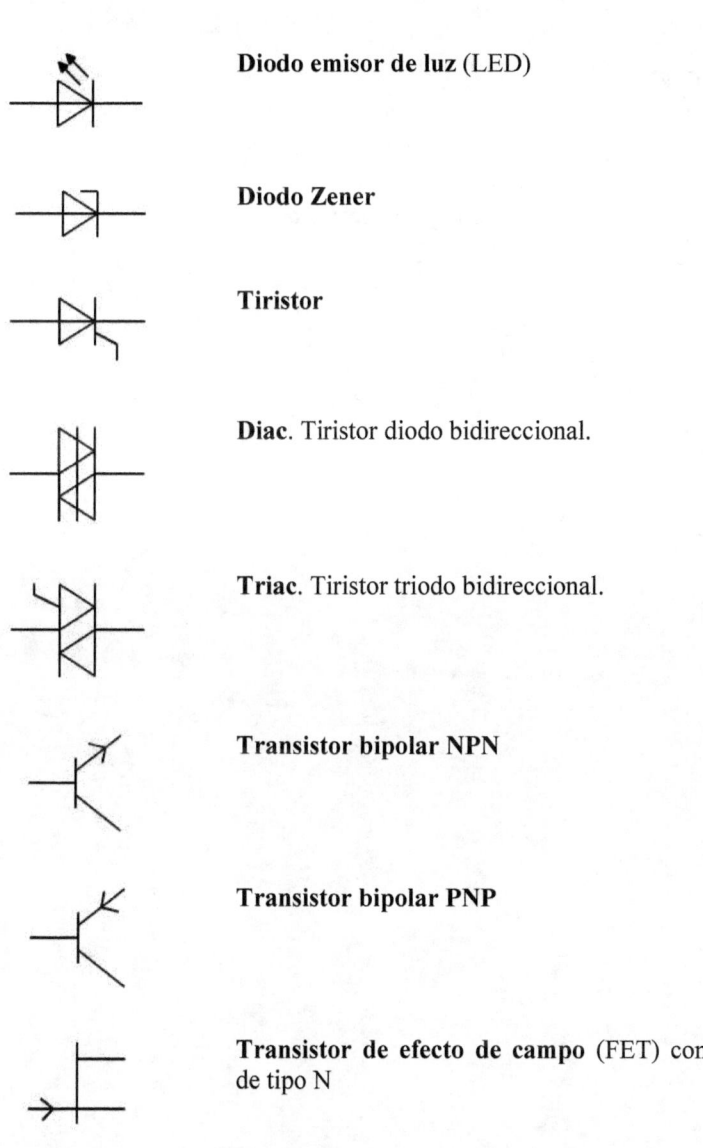

Diodo emisor de luz (LED)

Diodo Zener

Tiristor

Diac. Tiristor diodo bidireccional.

Triac. Tiristor triodo bidireccional.

Transistor bipolar NPN

Transistor bipolar PNP

Transistor de efecto de campo (FET) con canal de tipo N

Transistor de efecto de campo (FET) con canal de tipo P

Fotodiodo

 **Fototransistor**

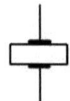 **Cristal piezoeléctrico**

CILINDROS

Símbolo	Descripción

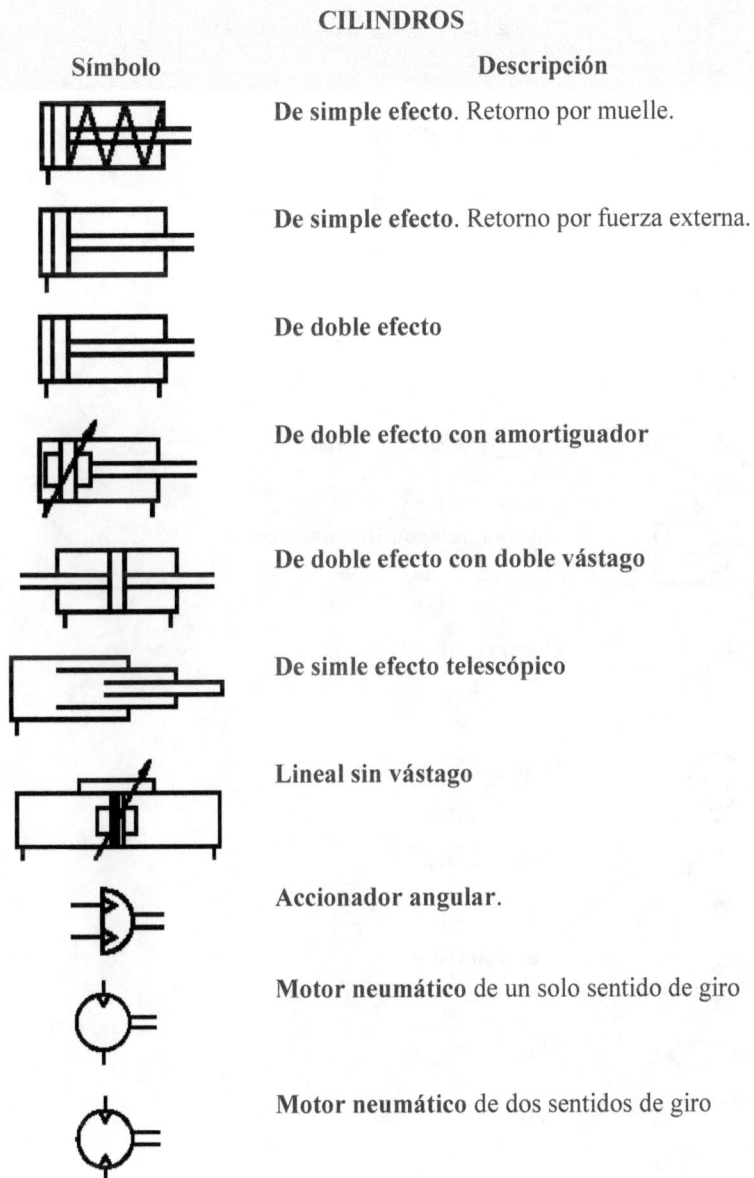

De simple efecto. Retorno por muelle.

De simple efecto. Retorno por fuerza externa.

De doble efecto

De doble efecto con amortiguador

De doble efecto con doble vástago

De simle efecto telescópico

Lineal sin vástago

Accionador angular.

Motor neumático de un solo sentido de giro

Motor neumático de dos sentidos de giro

UNIDADES DE TRATAMIENTO DE AIRE

Símbolo	Descripción
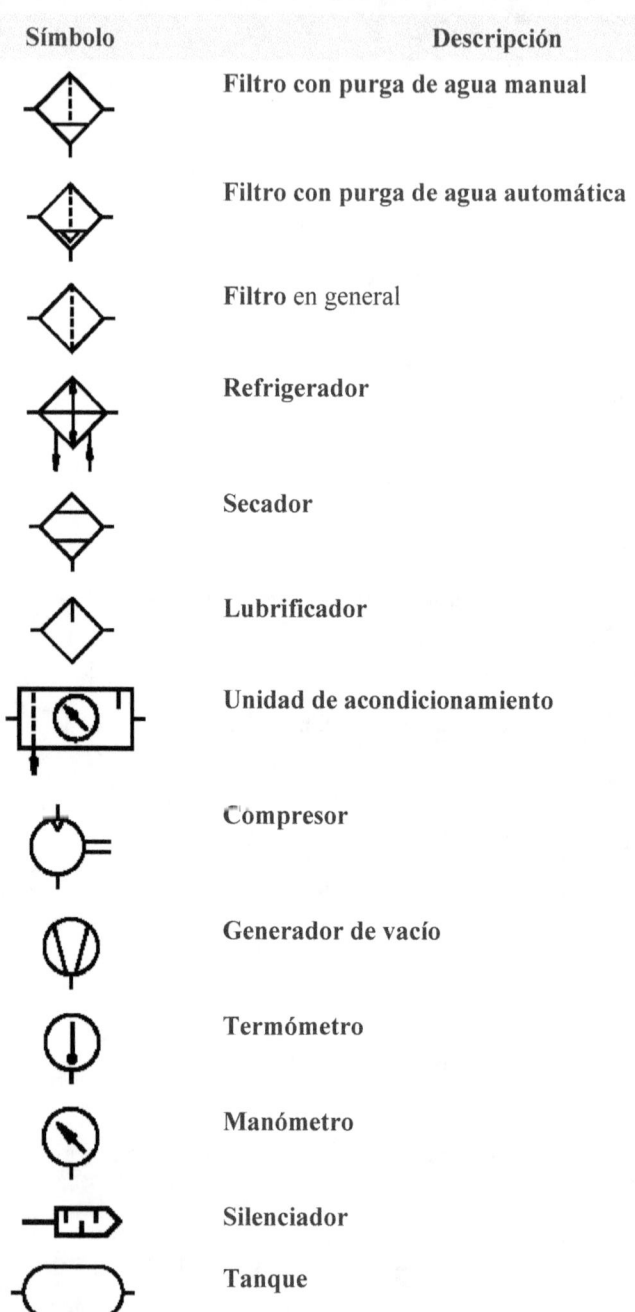	**Filtro con purga de agua manual**
	Filtro con purga de agua automática
	Filtro en general
	Refrigerador
	Secador
	Lubrificador
	Unidad de acondicionamiento
	Compresor
	Generador de vacío
	Termómetro
	Manómetro
	Silenciador
	Tanque

VÁLVULAS

Símbolo	Descripción
	Regulador de caudal unidireccional
	Válvula selectora
	Escape rápido
	Antirretorno
	Antirretorno con resorte
	Regulador de presión
	Regulador de presión con escape
	Bifurcador de caudal
	Regualdor de caudal
	Regulador constante de caudal
	Válvula 5/3
	Válvula 5/2

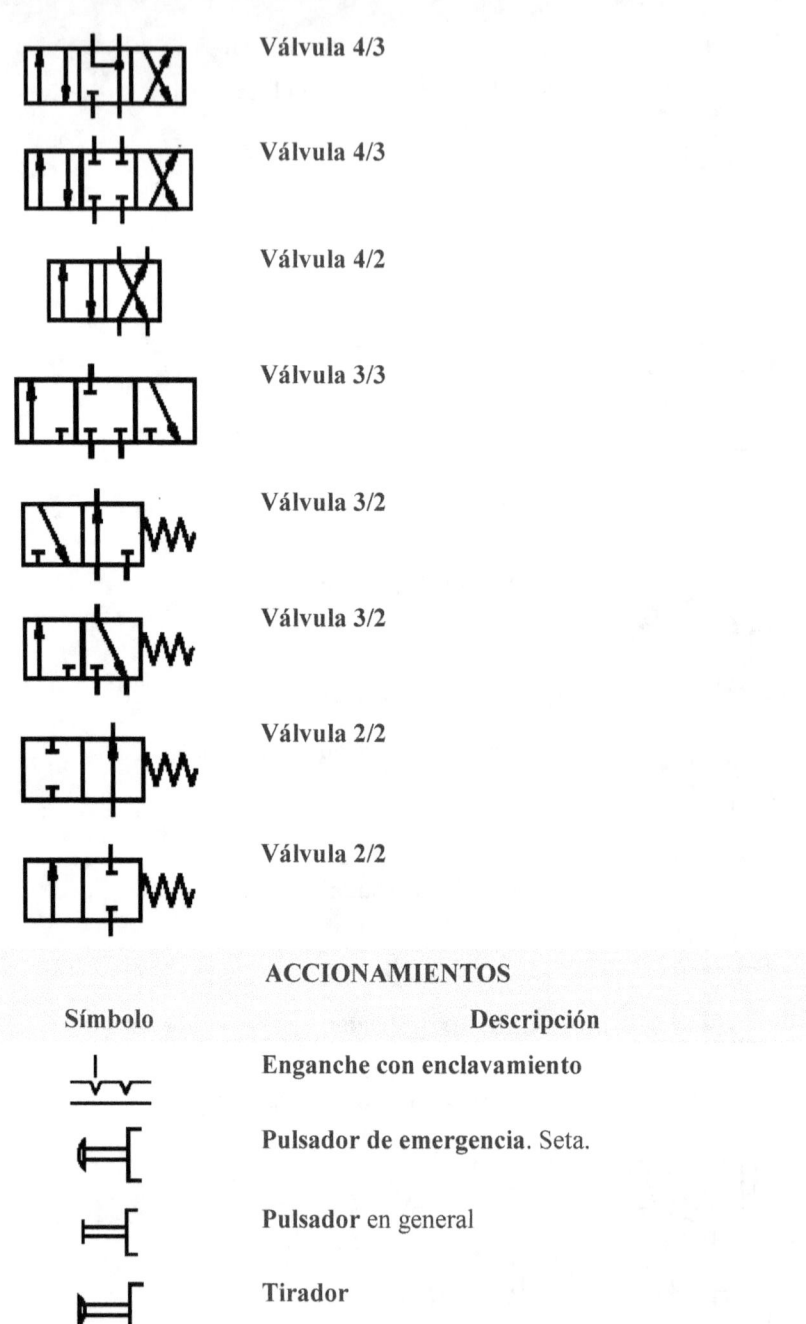

Válvula 4/3

Válvula 4/3

Válvula 4/2

Válvula 3/3

Válvula 3/2

Válvula 3/2

Válvula 2/2

Válvula 2/2

ACCIONAMIENTOS

Símbolo	Descripción
	Enganche con enclavamiento
	Pulsador de emergencia. Seta.
	Pulsador en general
	Tirador

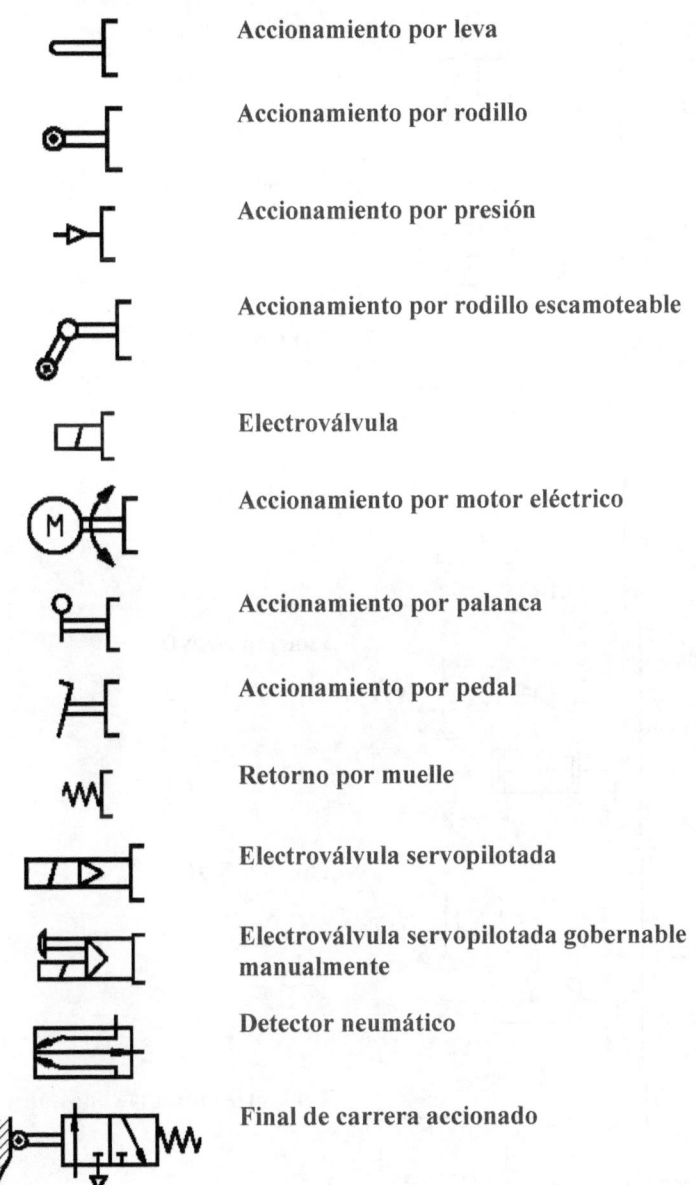

Accionamiento por leva

Accionamiento por rodillo

Accionamiento por presión

Accionamiento por rodillo escamoteable

Electroválvula

Accionamiento por motor eléctrico

Accionamiento por palanca

Accionamiento por pedal

Retorno por muelle

Electroválvula servopilotada

Electroválvula servopilotada gobernable
manualmente

Detector neumático

Final de carrera accionado

LÓGICA

Símbolo	Descripción

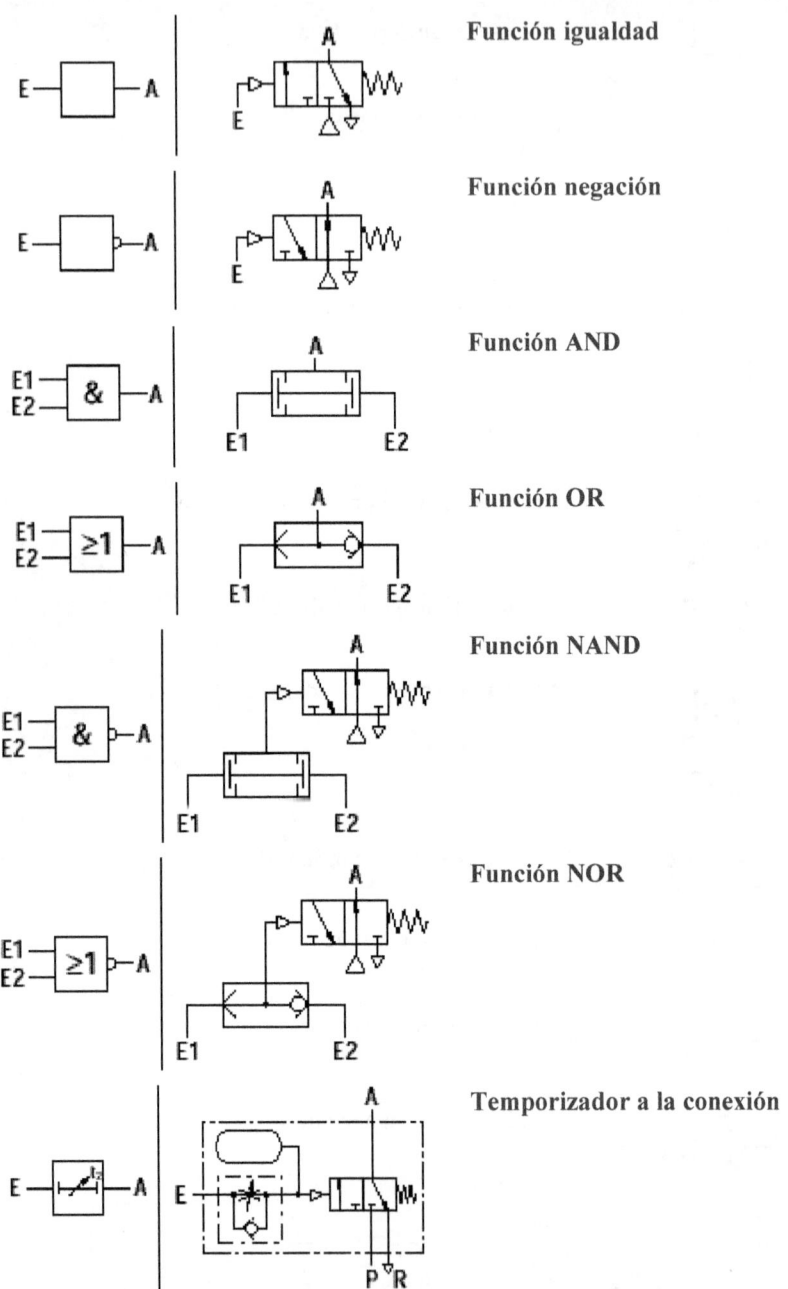

Función igualdad

Función negación

Función AND

Función OR

Función NAND

Función NOR

Temporizador a la conexión

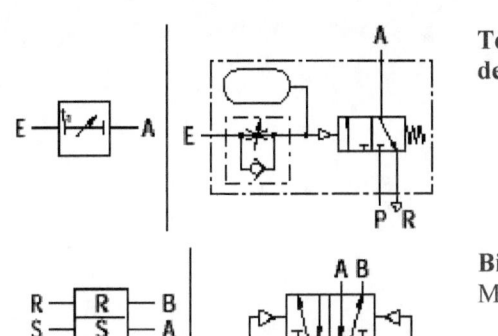

Temporizador a la desconexión

Biestable.
Memoria S-R.

Estos son los símbolos particulares de hidráulica. Se han omitido los que coinciden con los símbolos de neumática.

Símbolo	Descripción
	Tubería de carga rígida
	Tubería flexible
	Cruce de tuberías con unión
	Cruce de tuberías sin unión
	Tubería de maniobra (pilotaje)
	Derivación tapada (cerrada)
	Recipiente para fluido hidráulico
	Recipiente para fluido hidráulico a presión
	Escape al aire
	Acumulador hidráulico
	Llave de paso

 **Manómetro**

 **Intercambiador de calor**. Calentador.

 **Intercambiador de calor**. Refrigerador.

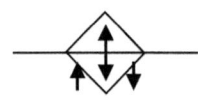 **Intercambiador de calor**. Refrigerador líquido.

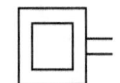 **Motor térmico**

 **Caudalímetro**

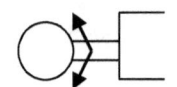 **Accionamiento motorizado en dos sentidos**

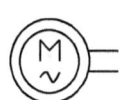 **Motor monofásico de corriente alterna**

 Calentador

Si te ha gustado este libro, puedes enviar tu opinión

y sugerencias a info@fidestec.com

También puedes encontrar más información y recursos

gratuitos en

fidestec.com

www.ingramcontent.com/pod-product-compliance
Lightning Source LLC
Chambersburg PA
CBHW051905170526
45168CB00001B/248